本书出版获以下基金项目资助：
中国人民大学科学研究基金重大项目（21XNL020）
国家自然科学基金项目（71622014，41771564）

中国家庭能源消费研究报告
CHINESE HOUSEHOLD ENERGY CONSUMPTION REPORT
郑新业　魏　楚　主编

南方百城供暖市场
模式、潜力与影响

魏　楚　黄　滢　江小鹏 等　著

科学出版社
北　京

内 容 简 介

本报告旨在科学探讨“南方是否应该供暖、如何供暖”等重大现实争议。本报告全面梳理了南方供暖的历史背景，在探讨供热服务的本质和介绍供热行业国内外经验的基础上，系统地总结了目前南方城市供暖的模式与特征，从需求、供给和政策三个维度定量评估了南方 133 个城市供暖市场的发展潜力，并讨论了南方城市发展不同的供暖路线对经济、社会和环境的可能影响。最后，依据本报告的分析论证对南方城市供暖的重大问题进行了回应和解答，针对性地提出了南方供暖市场建设中政府、企业应有的定位及相应的对策建议，为南方各城市“因地制宜、一城一策”地选择自己的供暖路径提供借鉴。

本书可供能源经济、应用经济等相关学科的高等院校师生阅读，也可供能源领域的相关研究人员及政府决策部门参考阅读。

图书在版编目（CIP）数据

南方百城供暖市场：模式、潜力与影响/魏楚等著. —北京：科学出版社，2021.7

ISBN 978-7-03-069386-0

Ⅰ.①南… Ⅱ.①魏… Ⅲ.①城市供热—市场需求分析—中国 Ⅳ.①TU995

中国版本图书馆CIP数据核字(2021)第139720号

责任编辑：林　剑 / 责任校对：樊雅琼
责任印制：吴兆东 / 封面设计：无极书装

科学出版社 出版
北京东黄城根北街16号
邮政编码：100717
http：//www.sciencep.com

北京建宏印刷有限公司 印刷
科学出版社发行　各地新华书店经销
*

2021年7月第　一　版　开本：720 × 1000　1/16
2023年1月第三次印刷　印张：11 3/4
字数：250 000

定价：128.00元

（如有印装质量问题，我社负责调换）

课题组成员

魏　楚　黄　滢　江小鹏　张晓萌

韩　晓　郭　琎　沈子玥　朱　蓓

朱梦舒　杨玉浦　王漫玉　周　亦

前　言

南方供暖问题已经是中国学术界、政商界及社会各界广泛关注的热点话题。2012年，全国政协委员张晓梅在“两会”上提出，传统的“秦岭—淮河”分界线已经过时，呼吁将公共供暖延伸到南方地区；2017年，全国人大代表罗良权提出在南方地区采取冬季集中供暖；2018～2020年，全国人大代表周洪宇连续三年提出重新划定供暖分界线，尽快研究南方供暖问题和加快南方供暖市场发展的建议。南方地区该不该供暖、怎么供暖，“秦岭—淮河”供暖分界线是否科学，如何正视并解决南方民众日益增长的取暖需求，这一系列问题已经成为国家顶层设计中的热点话题，南方供暖问题亟待讨论并解决。一个绿色、高效的南方供暖模式应该既能满足南方地区居民的取暖需求，还要让供热企业有合理的利润空间去进一步激发市场潜力，同时还要与城市可持续发展及现有能源系统兼容协调。这需要以市场机制作为基础性资源配置方式，并需要政府的科学规划与引导。因此，南方供暖市场的研究迫在眉睫。

在本报告的开篇章节里，首先回顾了中华人民共和国成立初期“秦岭—淮河”供暖线的划分依据，分别从收入水平、相对需求、能源供给等角度解释了未在南方推行普惠式供暖服务的历史原因。

随着我国经济水平的快速发展和人民生活水平的快速改善，这些历史约束条件都已经发生了明显变化。譬如，居民对冬季取暖这一改善型服务的需求快速增加，而且我国的能源供需矛盾也大大缓解，南方供暖市场已经初步形成。但南方城市供暖市场发展之路却很曲折，充满了争论。总结来看，支持南方地区发展集中供暖的观点认为，历史划分的供暖线并不合理，应根据体感温度来决定供暖需求，人人均享有获得供暖服务的权利。而反对南方地区发展集中供暖的观点主要聚焦于：集中供暖可能会增加采暖成本、南方建筑和气候会导致供暖能效不经济、会加剧能源消耗和环境污染等问题。

此外，新时代城市发展的需求也为发展城市供暖注入了新的内涵，主要体现在：供暖是改善居民生活的重要途径、是增强城市经济发展动力的重要源泉、是改善城市生态的助力剂、是提升城市规划和综合治理能力的重要抓手。

为了找寻南方供暖的正确路径，我们基于供暖服务的本质，对供暖服务国内外的现有实践进行了探讨。在本报告的第 2 章中，对供暖服务的经济学理论进行了回顾，通过对热力和供暖服务竞争性与排他性的属性进行分场景讨论。我们认为，从当前市场制度安排和技术发展现状来看，热商品已经具有了私人物品的属性。但是需要强调的是，热还具有自然传导性，热能的传导性会带来大量的热流失，从而产生外部性问题。这一属性对热的存储和传导方式提出了更高的技术要求，同时也给热的准确计量造成困难，现有技术尚不能完全克服热损失，也就意味着热能在严格意义上不满足排他性。

基于上述分析，本报告在第 2 章中继续回顾了国外供暖实践的历史发展，并将其模式划分为两类：第一类为集中或区域供暖模式。这类国家（地区）一般气候寒冷、人口居住集中。其中，最典型的当属俄罗斯，政府主导供暖建设，提倡发展热电联产；但同时存在管网老化、热价攀升、投资短缺、服务质量低下等问题。另外，以丹麦、瑞典为代表的北欧国家在中心城市推行区域供暖模式，该模式一般由政府统一在人口集中区域铺建管网供暖，注重能源转型和清洁能源应用，在热源多元化的同时提高供热效率。第二类为分布或分户式供暖模式。这类国家（地区）一般人口居住相对分散、消费习惯多元。其中以美国、日本为代表，此类模式大多以天然气或电力为主要能源来实现分户式采暖，辅之以部分小规模的分布式供暖，注重清洁能源应用与工业余热利用。

我国北方地区的集中供暖模式诞生于计划经济时代，主要沿袭了苏联模式，但也不是一蹴而就的。通过对北方供暖发展的体制成因和历史路径进行系统回顾，揭示出北方供暖服务的发展经历了从“分户供暖”“小型分散锅炉”到“热电联产”、再到“大型区域供暖”的不同发展阶段，制度上也经历了从“政府指导、计划配置”到“市场改革、价格放开”的变迁。

接下来，梳理已有的南方典型城市供暖模式便显得很有必要，这可为进一步探寻南方供暖的落地方案奠定基础。故而，本报告在第 3 章中，对南方城市现有的供暖实践探索进行了归纳总结，并具体划分为以下四种模式：

一是以合肥为代表的“政府主导、市政推动”模式。政府充分发挥资源统一配置和城市整体规划的作用，采用市政工程推动区域供暖发展，通过工商业供热带动居民供暖，具有一定的规模经济效应。

二是以贵阳为代表的“央企主导、政府示范”模式。由央企采取多能互补供暖技术，政府对供暖项目进行推广、示范，从而实现节能减排和清洁供暖。

三是以武汉为代表的“政府搭台、默许经营”模式。在充分落实政府“冬暖夏凉”工程的号召下，供热行业积极挖掘现有热源，发展多能互补能源站，较好地实现了政府监管与市场发展的结合。

四是以杭州为代表的“市场自发、百花齐放”模式。城市电网、天然气企业采取积极的市场营销手段，定制居民分户供暖方案，能较好地满足消费者多样化的取暖需要。

随后，我们便对南方百城的供暖潜力和实际影响进行了评估，以了解南方供暖市场的潜力和影响具体如何。这也是供热企业与行业最为关心的问题。为此，本报告第 4 章进行了定量分析。首先构建了一个综合性指标评价体系。该体系包含需求、供给和政策三个维度，共计 22 个三级指标，并对“秦岭—淮河”以南到长江沿线这一“夏热冬冷”地区共 133 个城市进行了评估。研究结果表明：具有较大供暖发展潜力的南方城市大多位于长江中下游区域，市场潜力最大的 10 个城市分别为上海、南京、苏州、无锡、杭州、合肥、镇江、常州、武汉和宁波。

紧接着，本报告第 5 章基于分户供暖与区域供暖两种路径，根据居民收入、温度和有无折扣，设定了 18 种情景，对 2020 ～ 2030 年间供暖市场的经济、就业和环境影响进行了情景分析。

根据我们的评估，我们认为南方供暖将产生以下影响：第一，普及供暖服务范围，改善居民生活品质。第二，促进基础设施投资，提振居民消费。第三，创造工作岗位，拉动社会就业。第四，环境影响适中，兼容达峰目标。

基于上述分析结果，本报告第 6 章对南方城市供暖的重大问题进行回应和解答，也阐释了课题组的观点与建议。

第一，南方城市是否应该选择集中供暖的问题。我们认为大范围的集中供暖模式不适用于南方城市，南方城市供暖模式上应该“一城一策”。各城市应根据自身经济发展水平、居民区集中度、资源禀赋、经济结构等因素，因地制宜地进行供暖模式的探索尝试。

第二，南方供暖是否会加剧环境压力的问题。我们认为该问题主要取决于两点：一是供暖效率能否提高；二是可再生能源的用能占比能否提高。因而，南方供暖要在有效提高供暖效率的同时，大力提升可再生能源的用能占比，走绿色、高效的供暖路线。

第三，南方供暖城市的试点选择问题。我们认为南方城市应采取先试点、分步走、逐步实施的策略。第一阶段可考虑中东部省会和重点城市，第二阶段考虑其他潜力较高的城市，最后覆盖其他地级市和重点县域。

第四，市场主体在南方供暖市场的战略选择问题。我们认为企业应采取灵活的定价策略，精准识别客户，提高经营效率，提高战略前瞻性，积极推动可再生能源的发展应用，助力南方供暖的发展。

第五，政府对南方供暖市场的介入问题。我们认为政府的介入对南方供暖市场的建设是很有必要的，主要是因为政府介入对供暖行业整体设计、规制垄断、规划协调及调节异质性等方面具有重要作用。

第六，政府在南方供暖的功能定位问题。我们认为地方政府和中央政府应当差异化功能定位，地方政府在南方供暖市场中应当遵循“一城一策、因地制宜”的原则适度介入市场，以降低南方供暖市场交易成本为目标，做好全局性、前瞻性的统筹工作。而中央政府则需要给南方供暖市场松绑，下放监管权力，让各城市找到适合各自城市的发展路线。

第七，南方供暖市场的补贴问题。南方供暖市场无须走北方集中供暖的老路，不需要专门为居民取暖服务设置专门的补贴，但是南方供暖市场的探索实践中会出现一些有助于降低能耗的外部性行为，这些经济活动对于节能降耗、保护环境、拉动地区发展都助益颇多。因此，政府对于这些有益于降低能耗、减少排放的外部性行为可以适当补贴，以发挥其良好的社会、经济和环境效益。具体来说，政府可以在这几方面出台鼓励政策：一是设立节能建筑专项补贴，鼓励老旧小区建筑的节能改造；二是将热力企业的可再生能源纳入绿色证书制度，促进可再生能源供暖；三是对于具有溢出效应的技术创新提供补贴，以促进提高能源使用效率的技术研发。

总而言之，本报告旨在科学探讨“南方是否应该供暖、如何供暖”等重大现实争议。全面梳理南方供暖的历史背景，在探讨供热服务的本质和介绍供热行业国内外经验的基础上，系统地总结了目前南方城市供暖的模式与特征，从需求、供给和政策三个维度定量评估了南方 133 个城市供暖市场的发展潜力，并讨论了到 2030 年南方城市发展不同的供暖路线对经济、社会和环境的可能影响。最后，我们依据分析论证对南方城市供暖的重大问题进行了回应和解答，有针对性地提出了南方供暖市场建设中政府、企业应有的定位及相应的对策建议，为各大城市“一城一策、因地制宜”地选择自己的供暖路径提供借鉴。

最后，我们要向各级政府部门、企事业单位表达由衷的感谢。在各方的鼎力支持下，我们课题组完成了多轮调研。感谢安徽省发展和改革委员会、安徽省住房和城乡建设厅、安徽省能源局、湖北省发展和改革委员会、合肥市发展和改革委员会、武汉市东湖新技术开发区管理委员会发展改革局、宜昌市住房和城乡建设局等相关部门对项目研究与实地调研给予的协助，并对相关座谈会给予了大力支持；感谢湖北能源集团股份有限公司、湖北华电武昌热电有限公司、武汉德威工程技术有限公司、湖北能源光谷热力有限公司、武汉中电节能有限公司、杭州市燃气集团有限公司、浙江意格供暖技术有限公司、浙江艾猫网络科技有限公司、合肥热电集团有限公司、安徽科恩新能源有限公司、合肥瑞纳智能股份公司、瑞纳智能设备股份有限公司、圣春散热器有限公司、襄阳襄投能源投资开发有限公司、襄阳路桥建设集团有限公司、宜昌中燃城市燃气发展有限公司、江西锋铄新能源科技有限公司、国电投南阳热力有限责任公司、同方能源科技发展有限公司、安徽安泽电工有限公司、德清县中能热电有限公司、铜山县新汇热电有限公司等企业对课题组实地调研的大力配合；感谢国务院发展研究中心洪涛研究员、电力规划设计总院赵文瑛高级工程师、中国建筑科学研究院袁闪闪博士、中国人民大学环境学院王汶教授对课题前期成果提出了大量真知灼见的宝贵建议；感谢全国人大常委会委员周洪宇教授，国务院发展研究中心李善同研究员、周宏春研究员，国家发展和改革委员会能源研究所高世宪研究员，中国建筑股份有限公司技术中心副总工程师黄宁，哈尔滨工业大学张斌教授，合肥热电集团有限公司高永军经理，法国电力中国区能源事业部吴飞总监，《环球表计》林虹主编在成果发布会上提出的极富洞见的点评和建议；感谢南方多个典型城市约 1700 户家庭对我们开展的入户调查给予的积极配合。最后，感谢国家自然科学基金优秀青年基金项目、中国人民大学应用经济学院、中国人民大学国家发展与战略研究院对实地调研、调查问卷、内参报送、报告写作、报告发布等活动给予的各方面支持。

科学研究要以“发现、解决现实问题”为初心与终点。课题组探索通过不同渠道推动成果的转化落地。在 2020 年和 2021 年全国两会上，课题组为全国人大代表周洪宇提交的《关于加快发展我国“南方百城”供暖市场的建议》和《关于“十四五”时期推进南方城市清洁低碳供暖的建议》提供了前期基础。2020 年 11 月 8 日，课题组成功发布了研究报告：《南方百城供暖市场——模式、潜力与影响》，在直播平台累计点击量突破 70 万次。2020 年 12 月 16 日，课题组参加了中央电视台《经济半小时》栏目制作的“南方供暖调查”专题，探讨了南方供暖市场的发展现状及未来思路。2021 年 4 月国家能源局印发的《2021 年能源工作指导意见》中，首次提及鼓励南方清洁采暖，要求“研究探索南方地区清洁取暖，在长江流域和南方发达地区，鼓励以市场化方式为主，因地制宜发展清洁取暖，培育产品制造和服务企业”。南方城市供暖市场正迎来前所未有的发展新机遇。本书不是研究的终点，我们希望以此书的出版为契机，积极推动相关政府部门、行业企业及社会公众对该问题重视起来、行动起来，在科学、翔实调查分析的基础上，共同培育和发展一个“人民满意、企业成长、环境友好、政府放心”的南方城市供暖市场。

魏　楚

2021 年 4 月

目　　录

第 1 章　南方供暖历史背景与现有争议

在本章中，我们梳理了我国南方供暖的历史背景，发现中华人民共和国成立初期经济匮乏、需求不足、能源短缺，是南方没有供暖的主要原因。而这些情况在近年逐渐改变，随着经济富足、需求旺盛、能源稳定供应，南方供暖的客观条件趋于成熟，但政策上仍然存在争议。支持者认为南北供暖线划分不合理、南方冬季体感温度难忍受、人民基本权利难保证；但反对者认为南方供暖成本高、南方供暖能效低、南方供暖会引发能源供应紧张和环境污染。需要指出的是，基于新时代城市发展的需求，供暖不仅可以改善居民生活，还可以与城市发展相融合，促进工商业发展，改善城市生态水平和居民生活质量；同时也关乎城市的安全与城市的能源战略。

1.1　南方供暖的历史背景

为了探究我国南方供暖市场潜在需求与迫切程度，我们首先对南方供暖的历史进行了梳理，探明我国南方地区为何没有实行集中供暖。

我国集中供暖的地理分区依照“秦岭—淮河”分界线分为南、北两个地区，北方地区采取集中供暖，而南方地区不集中供暖。这条界线的划定是在 20 世纪 50 年代中华人民共和国成立初期确定的。供暖线划定时，我国社会处于贫困时期，经济水平落后、能源紧缺。因此要满足北方地区的取暖刚需，我国从苏联借鉴经验，采取苏联的气候计算方法，规定室外温度 5℃以下定义为冬天，因此只有累年日平均气温稳定低于或等于 5℃的天数大于或等于 90 才会被界定为集中供暖地区，供暖也因此成为计划经济时期北方地区的社会福利事业之一。供暖线的划定受到我国成立初期经济社会多方面因素的制约，主要包括以下几个方面。

1.1.1　经济条件有限

冬季供暖需求客观存在，但居民无力购买，政府也无力全国改造。国内大部分地区冬季气温低，人民生活困难，但人民的生存政府必须保障。鉴于我国成立初期居民购买力水平有限，难以负担供暖成本，因此我国政府决定以集中供暖的方式为具有生存需求的居民提供必要的保障。但是，集中供暖除了终端用能成本，还会带来房屋改造、管道铺设、厂房建设等一系列规划建设成本。

一五计划前，我国（1952 年）的 GDP 仅为 679.1 亿元，占全球 GDP 总量尚不足 4.35%；全国公共财政收入为 173.9 亿元，全国公共财政支出为 172.1 亿元，当时在尽全力完成基础设施建设之余，无力负担过多的供暖改造建设费用。因此当时供暖线的规划受到严格的经济条件约束，政府只能优先为供暖成本低、供暖需求急切的人群提供供暖福利。

1.1.2 整体需求有限

对供暖的需求主要分为两类：居民侧和工商业侧。在当时，我国南方各省（自治区、直辖市）政府面对的是居民侧需求不足，工商业侧萌芽初生，整体需求缺乏动力的局面。

1）居民侧收入较低，需求动力不足。我国 1952 年人均 GDP 仅 119 元，仅达世界平均水平的 10% 左右。根据《联合国世界经济发展统计年鉴》，1950 年缅甸人均 GDP 为 43 美元，菲律宾人均 GDP 为 170 美元，中国人均只有缅甸的一半，购买力严重不足。南方省份中，仅上海、江苏人均 GDP 超过全国平均水平，江西、浙江接近全国平均水平，而重庆、福建、广东等省（自治区、直辖市）人均 GDP 低于全国平均水平，这与当年工业和经济重心的分布有关（图 1.1）。因此，南方省份居民购买力水平有限，难以负担供暖的成本。在南方地区，冬季气温低但不威胁生命，居民主要需求是饮食而非供暖，因此居民侧需求动力不足。

2）工商业侧需热行业初生，热需求较低。我国供热行业的兴起主要是为了向需热工商业供热盈利，剩余余热供给居民取暖，因此从工商业对热的需求角度反映居民侧供暖的可能性。工商业角度，最需要供热的行业为商贸零售业、住宿餐饮业和以制药、纺织为代表的部分工业。1952 年，我国 GDP 构成中，第三产业占比为 28.7%，第二产业占比为 20.8%，其中工业占比 17.6%，工商业占比相对较低（图 1.2）。我国成立初期经济结构以农业为主，需热工商业发展有限，再加上对热需求最高的重工业多分布于东北、华北地区，导致南方地区整体工商业热需求较低。

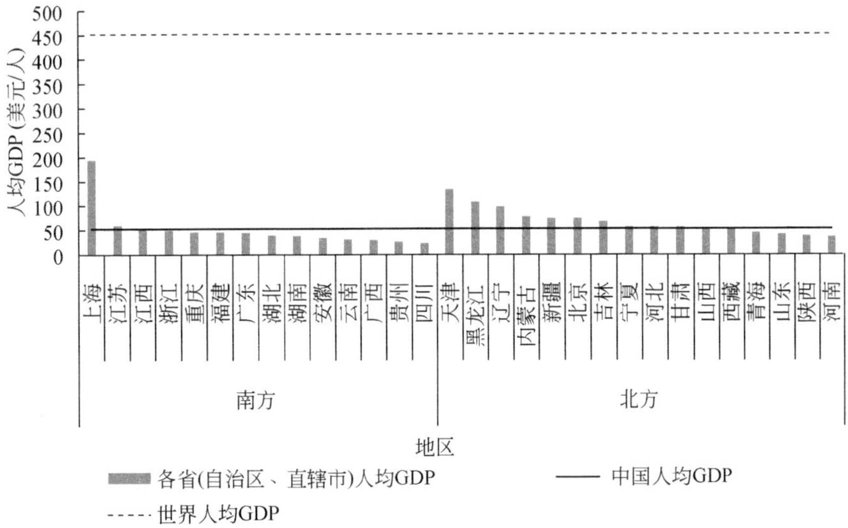

图 1.1　1952 年全国各省（自治区、直辖市）人均 GDP

数据来源：Wind 中国宏观数据库，*World Development Indicators*

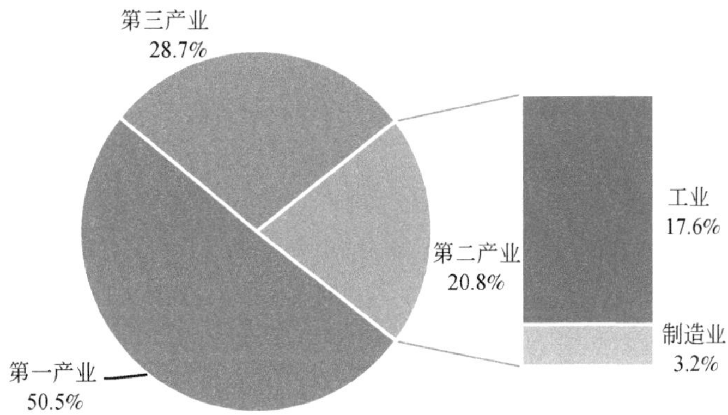

图 1.2　1952 年我国 GDP 构成

数据来源：Wind 中国宏观数据库

1.1.3　能源供给不足

中华人民共和国成立初期，我国能源企业建设刚刚提上日程，电力、煤炭、天然气行业处于萌芽之中。

1）电力行业技术不足，输电线路建设尚未开始。1971 年我国人均年用电量仅 151.99 千瓦时，在 1971 ～ 1980 年间，我国人均用电量只达到世界平均水平的百分之十几（图 1.3），处于严重缺电状态。1949 年底，我国全国电力装机容量为 1849MW，其中火电占比高达 91%。1950 年全国发电量仅为 46 亿千瓦时，电网覆盖率不到 50%。此时我国发电设备制造技术积累少，1958 年我国才从苏联引进并改进 25MW、50MW 高压火电机组。20 世纪中后叶，我国发电技术落后，电网铺设原始，发电量大多供给重工业发展生产，居民侧时常出现断电情况。

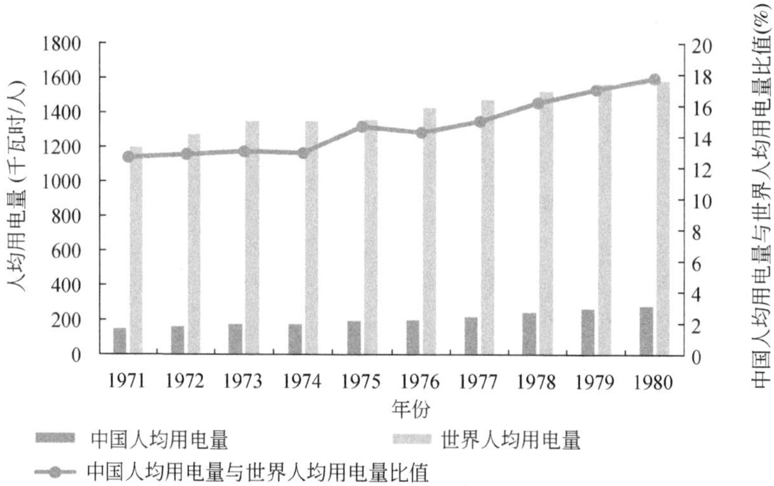

图 1.3　我国人均用电量与世界比较（1971 ～ 1980 年）

数据来源：*World Development Indicators*

2）煤炭行业开采量低，人均原煤产量不足。1950 年全国原煤总产量 0.43 亿吨，仅占全球产量的 2.37%，人均原煤产量 0.08 吨（图 1.4）。研究表明，我国北方

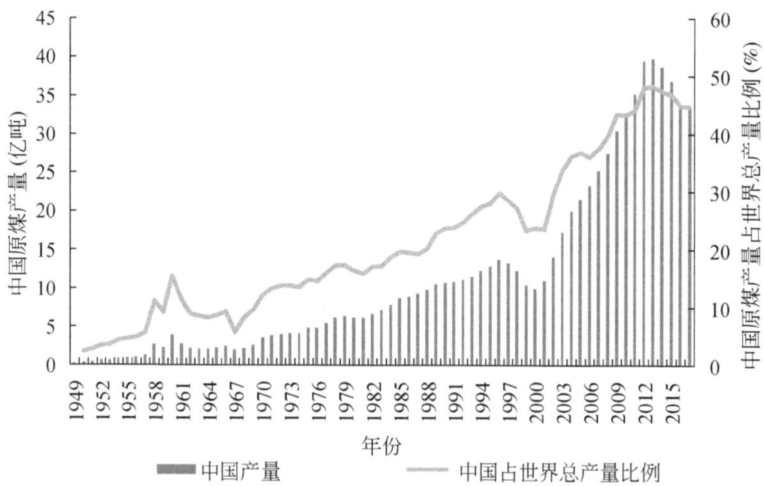

图 1.4　我国原煤生产情况

数据来源：Wind 行业经济数据库，《世界矿产资源年评价》（2018 年）

供暖耗煤量在 15 ～ 25 千克标准煤 / 平方米（张磊等，2015），人均仅 80 千克的原煤产量完全不足以供给我国全国居民供暖，煤炭的普及使用在当时不具备条件。并且，中华人民共和国成立初期全国按计划由国有企业生产煤炭，企业建设和发展依赖国家投资，销售、定价依照国家计划执行，主要供给作重工业原料用，不支持将煤炭专用于供暖燃料。

3）天然气行业尚未规范化。1950 年我国尚未对天然气进行系统性运用，20 世纪 70 年代我国开始出现天然气生产活动，基础管道铺设则在 20 世纪 90 年代才开始陆续投产，但并不能用于居民供暖。

综上所述可见，我国在划分供暖线时，受到较强的经济约束。由于南方地区需求有限、供给不足，因此将供暖线按累年日均气温稳定低于或等于 5℃的日数大于或等于 90 天划分，对受冬季气温严重影响居民生存及生活的北方地区进行集中供暖。

1.2　南方供暖社会条件的变化

随着我国经济飞速发展，人民对生活条件的要求愈发提高。习近平总书记在十九大报告中强调，中国特色社会主义进入新时代，我国社会主要矛盾已经转化为人民日益增长的美好生活需要和不平衡不充分的发展之间的矛盾。2012 年 3 月全国两会上，全国政协委员张晓梅提出提案《将北方集中公共供暖延伸到南方》，我国供暖线以南的地区对冬季供暖的需求与日俱增，人民不断呼吁修改供暖线、扩大集中供暖的范围。

1.2.1　经济发展迅速

1）随着改革开放，我国南方各省（自治区、直辖市）GDP 增长迅速，居民人均收入水涨船高，供暖经济约束放宽。2000 年以来，上海、江苏、浙江、重庆、四川等南方各省（自治区、直辖市）总 GDP 由 2000 年的 6.26 万亿元提高至 2018 年的 55.64 万亿元，年复合增长率高达 12.90%。与此同时，居民人均可支配收入不断提高，2018 年南方地区主要城市城镇居民人均可支配收入平均水平达 3.06 万元，按 1970 年基准价格折算的真实人均可支配收入为 8357.23 元，约为划分供暖线时人均收入的 10 倍。人均可支配收入的大幅提高意味着南方城市对供暖经济成本的可承受性提高。

2）南方城市地方财政收支加大，供暖改造成本可承受性提升。进入 21 世纪，随着我国经济快速发展，南方省份财政收入显著提高，各省（自治区、直辖市）

2018年财政收入是2000年财政收入的10倍以上，其中重庆的增长最高，达25倍。2017年南方主要城市财政支出提高，平均达308.19亿元，相比20世纪末增长约20倍（图1.5）。城市财政收支的增加代表各市对供暖基础设施及房屋改造成本的承受能力提高，供暖改造成本在可接受范围内。

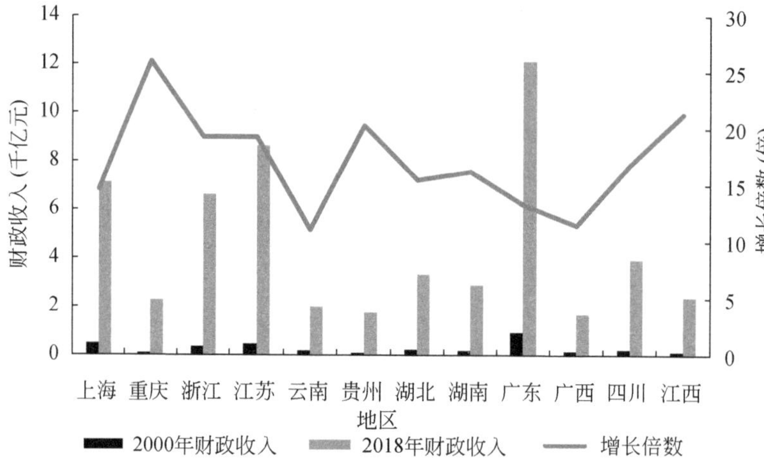

图1.5 南方省份财政收入对比情况

数据来源：南方各省（自治区、直辖市）财政厅（局）

1.2.2 需求快速上升

相比于供暖线划定时期，南方地区对供暖的需求明显提高，除了人均收入提高之外，还集中表现在以下几方面。

1）居民侧，城市人口增加，老幼人口比例提高，供暖需求提高。2017年南方各省（自治区、直辖市，除海南外）常住人口合计达8.01亿人，相比供暖线划分时翻了3倍，相比21世纪初各省（自治区、直辖市）合计人口（7.30亿）提高9.67%，人口数量的增加使供暖需求更加高涨。除了人口总量，人口结构也推动了供暖需求的提高。2008年开始，我国老龄化趋势加剧，15岁以下及64岁以上人口占比从26.73%上升至28.80%。根据2008年全国人口普查数据，南方城市幼儿和老年人口占比平均为26.62%（图1.6）。由于儿童免疫力低下以及老年人在寒冷天气中高发心脑血管疾病，儿童和老年人的取暖需求相对青年人口更加迫切。

2）工商业侧，南方城市第二、第三产业发展迅速，供暖需求显著提高。我国南方各省（自治区、直辖市）第二、第三产业发展态势迅猛，2018年我国南方各省（自治区、直辖市）第二、第三产业GDP总值达51.94万亿元，占全国

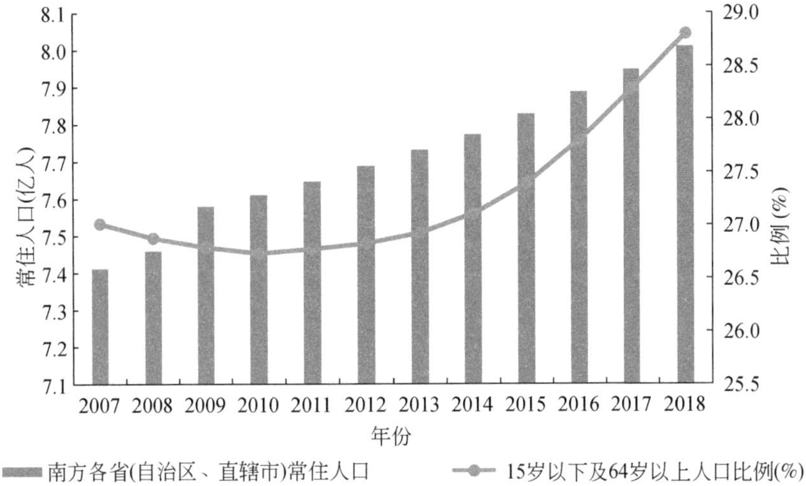

图 1.6　南方省份人口及全国老龄化情况

数据来源：Wind 中国宏观数据库，*World Development Indicators*

第二、第三产业 GDP 的 61.10%，第二、第三产业不仅促进南方省份经济发展，还会带来旺盛的供热需求。第二产业中工业、建筑业以及第三产业中零售业等，均需要稳定的热供给，在满足工商业用热需求的同时，可以用余热向居民供暖，从而带动居民供暖需求。

1.2.3　能源供应趋缓

我国能源企业发展多年，如今已经形成电网全覆盖、天然气主干管道全面投产的局面，煤炭、电力、天然气三大能源供应稳定充足，可以为供暖提供能源保障。

1）在煤炭方面，南方各省（自治区、直辖市）煤炭消费占比略有下降，供暖用煤具备上升空间。南方各省（自治区、直辖市）煤炭消费量占比于 2013 年下降至 39.47%，随后保持在 40% 左右，相比 20 世纪初下降了约 8%，具备一定的上升空间，为南方进行小规模的燃煤取暖提供条件（图 1.7）。但是实际上随着南方各省（自治区、直辖市）对燃煤总量、燃煤质量进行控制，南方各省（自治区、直辖市）对空气质量的把控越发严格，南方用煤所受到的约束越来越大。

2）在电网方面，电网全覆盖，特高压输电线路快速建设，容量尚存冬季取暖空间。电网覆盖率侧，相比于中华人民共和国成立初期电网不发达、覆盖率不过半的情况，如今我国已经完成电网全覆盖的目标，并且将区域性电网相互接通。电力发电量侧，相比于中华人民共和国成立初期发电量的不足，甚至时常出现居民断电的情况，我国2018年全国发电量7.11万亿千瓦时，完全可以满足国内需求（图1.8）。并且近年来铺设大量特高压输电项目，全国年均新增高压送电线路长度达3.5万千米，将电力从西北地区输送到东南沿海，促进电力消纳。峰值容量侧，我国目前南方各省（自治区、直辖市）变压器数量平均为5568个，且夏季电力负荷远远高于冬季，冬季时使用电力供暖仍有容量空间。由于我国春节时期各大企业纷纷停工休息，因此每年冬天南方电网具有明显的负荷低谷，这部分容量给南方城市电取暖提供了约3000万千瓦的负荷空间，足够支持南方用电采暖（图1.9）。

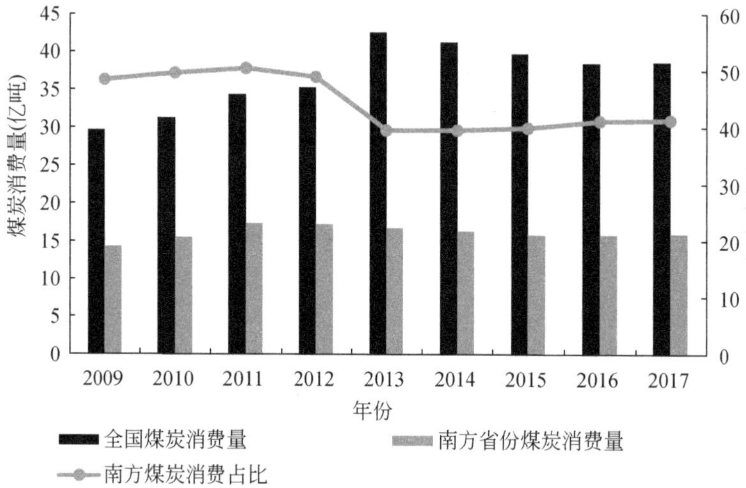

图 1.7　我国煤炭消费情况

数据来源：世界煤炭协会，Wind中国宏观数据库

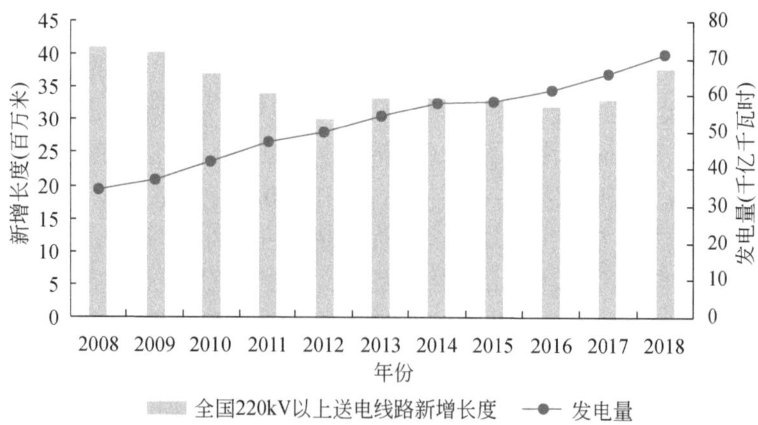

图 1.8　我国电网铺设及发电情况

数据来源：Wind中国宏观数据库，Wind行业经济数据库

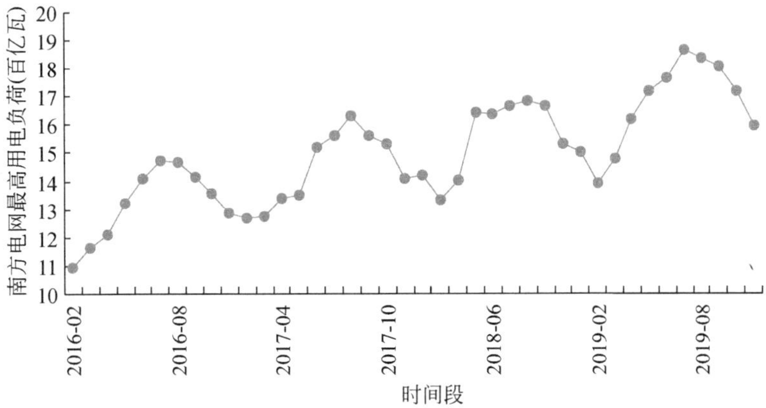

图 1.9　我国南方电网最高用电负荷

数据来源：Wind 中国宏观数据库

3）天然气方面，主力管网建设基本完成，城市储气能力逐步提升。相比于中华人民共和国成立初期，如今我国天然气运输、存储等已经有了完善的体系，主干管网在 20 世纪末至 21 世纪初就已经完成投产，南方各省（自治区、直辖市）天然气管道总长 39.6 万千米，每年同比增长约 15%。考虑到能源安全，我国也已经开始在各省（自治区、直辖市）配套天然气存储装置，以防止出现天然气供不应求的情况，南方各省平均储气能力达 513.58 万立方米，足以应对天然气供暖时出现的紧急峰值情况（图 1.10）。

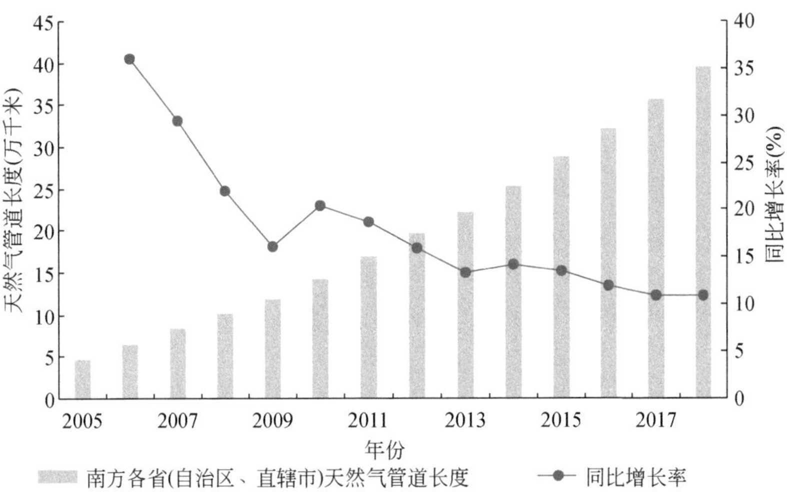

图 1.10　南方省份天然气管道建设情况

数据来源：Wind 中国宏观数据库

总而言之，我国如今的经济社会发展日新月异，人民的生活需求也水涨船高。为了满足人民日益增长的美好生活需要，对供暖线的调整、对供暖政策和规划的完善急需提上日程。

1.3 南北供暖的现有争议

出于历史原因，我们没有在南方地区实施供暖。因此，从 2010 年开始，无论是老百姓还是地方政府都热切地关注此事，对于南方供暖争议的正反观点如下。

1.3.1 支持观点

（1）划分依据不合理

在供暖界线的划分上，当下情况与历史条件相比已经发生了改变。供暖线的划分由于中华人民共和国成立初期客观因素的限制，在当时存在一定的合理性。客观来说，20 世纪 50 年代，我国百废待兴，能源短缺，为节约能源，优先为气候更寒冷、冬季更漫长的东北、华北大部及西北地区供暖，是无可厚非的。而随着气候的变化，近些年南方城市冬天同样面临着低温的困境，低于 5℃的天数与很多北方集中供暖区相差不大。2007 ～ 2017 年以来，夏热冬冷地区冬季 12 月至次年 1 月最低气温低于 5℃的天数并不在少数，尤其是“秦岭—淮河”分界线附近的南方城市。而且很多南方城市冬季日平均最低气温低于 5℃的天数都超过 80 天，甚至将近 90 天。2008 年 1 月南方地区多地发生了冰冻灾害，湖南全省、贵州大部地区连续低于 5℃的气温持续了十几天，其中长沙、浏阳等地的平均气温为 -5℃；2009 年 1 月，上海、南京、武汉等地的最低气温为 -8℃，且持续了一周左右。由于全球气候变化加剧，南方地区经常出现极端天气，套用当年南北分界线的判定标准来划定供暖线不尽合理。此外，纵观世界各国的冬季供暖实践，也都没有像中国这样以地理界限来划分供暖区域的。我国划定的南北供暖线是特定历史时期的产物，未充分考虑到气候变化的影响和经济社会条件的变化。

（2）体感温度不适应

与气象站观测的气温不同，体感温度是人体不借助任何防寒避暑措施时的表观温度，又称体表温度，可以反映出地区的气候舒适性。考虑到百姓实际的供暖需求，过去仅仅以温度作为供暖划分界线标准的方法很难满足室内人体舒适温度的要求（张厚英，2014）。从人体生理学角度来看，冬季体感温度舒适值为 13 ～ 18℃。研究表明，湿度对人体感知温度的高低有较大影响，湿度每增加 10%，人体感知温度就会降低 1℃（王汶等，2019）。以湖北省武汉市为例，一般 12 月至次年 2 月是一年最冷的时段，平均气温为 3 ～ 5℃。但武汉位于长江边，冬季湿度非常大，一般湿度为 60% ～ 70%，而北方地区的平均湿度只有 15% ～ 20%。也就是说武汉的湿度比北方地区高出近 40%，按照湿度对气温影响的规律来推断，人体感知的武汉气温应该是 -1 ～ 1℃。国家划定的“夏热冬冷”地区①，其冬季体感温度基本在 13℃以下，很多地区体感温度甚至低于 0℃，远低于北方冬季的室内温度（16 ～ 18℃）。

以 13℃作为供暖度日数（HDD）的阈值，我们计算了南方各城市每年 12 月至次年 2 月的供暖度日数 HDD13②（图 1.11）。结果显示，不少南方未供暖城市（如江苏无锡、常州、南京等）HDD 值已接近集中供暖城市（如徐州）。可见，部分南方城市存在一定的供暖需求。

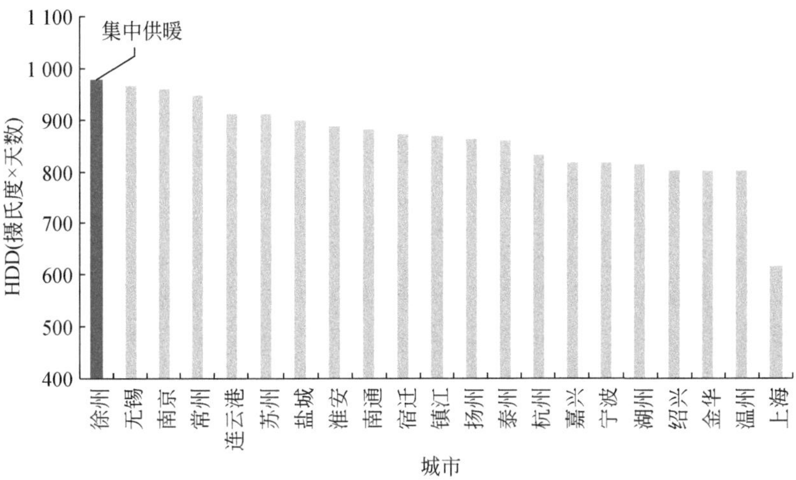

图 1.11　南方 HDD 前 20 名城市

数据来源：美国国家海洋和大气管理局

（3）基本权利难享受

南北家庭在舒适度上存在巨大的差异，加上北方还存在取暖补贴制度，而南

①夏热冬冷地区主要是指长江中下游及其周围地区，该地区的范围大致为陇海线以南，南岭以北，四川盆地以东，包括上海、重庆、湖北、湖南、江西、安徽、浙江的全部，四川和贵州两省东半部，江苏、河南两省南半部，福建省北半部，陕西、甘肃两省南端，广东、广西两省北端。

② HDD13 即采暖度日数，是指一年中当某天的室外日平均温度低于 13℃时，将低于 13 ℃ 的温度数乘以 1d 并将此乘积累加，该指标能够反映冷的程度和低温持续的时间，因此将其作为供暖分区指标之一较为科学。

方几乎需要家庭承担供暖的全部费用，在供暖福利和成本分担上也存在南北差异，这显然有悖于公平原则。此外，虽然一些学者不支持南方集中供暖，认为这会导致我国能源供应更为紧张、环境污染更严重以及空气质量进一步恶化，但从能源正义角度看，这种观点存在极大的不合理性。人人都享有公平获得能源服务的权利，人为地划分国家供暖的范围，造成“北方供暖如夏，南方寒冬刺骨”的现状，则是社会资源分配不公的表现。所以说以节约能源为由延缓南方供暖项目也是在剥夺南方人享受供暖的权利。

马斯洛需求层次理论中，在谈及“基本需求”时，讲到不能满足基本需求会引起疾病，满足基本需求能免于疾病，建筑供暖恰恰具备这样的特征。大量研究表明，寒冷会成为某些疾病发病或死亡的诱因，如呼吸道疾病、心脑血管疾病、消化道疾病、荨麻疹、肌关节病和风湿性疾病等，这也是百姓支持和关注南方供暖的主要原因（李永红，2005）。通过对2万余人的网络调查显示，有八成以上的参与者支持南方冬季供暖，这说明支持南方供暖的人不在少数[①]。

1.3.2 反对观点

（1）南方供暖成本较高

城市供暖是一项复杂的系统工程。在没有既有的民用供暖系统的背景下，南方城市发展供暖首先需要落实城市的热源，只有确保充足的热源才可以发展供暖。很多经济较为发达的南方城市恰恰是传统能源资源禀赋不强的城市，能源外购成本较高。其次，如果在南方新建集中供暖系统，那么建设供热管道是必不可少的，其中包括对新小区管道的搭建和对旧小区管道的改造。管道修建不仅数额巨大，还涉及城市管网规划而带来的其他成本。最后，从居民角度出发，供暖所需的支出包括墙体保温改造、采暖设备购买、供暖季采暖的消费支出、设备的维护等，这些费用会给一个中等收入家庭带来较大经济负担。

（2）南方供暖能效低、供暖时间短

由于地理因素的差异，南方城市的建筑标准与北方城市存在差异。南方建筑标准制定时主要考虑的是夏季制冷需求，对冬季取暖的建筑保温需要并没有较多的考虑，这成为南方供暖急需解决的现实问题。根据《民用建筑热工设计规范》（GB50176—2016）来看，南方城市供暖需要进行建筑节能改造。南方住宅建筑

---

① http://news.163.com/13/0112/15/8L1GMG2V00014JB5.html。

的外墙设计不符合供暖的要求，外墙墙体没有保温层，建筑墙体厚度不如北方地区建筑墙体厚。南方大部分民用住宅都装的是单层玻璃，而北方是双层甚至三层玻璃，玻璃内层是抽真空、充氮的玻璃，墙体对内保温，所以与北方相比，南方建筑整体保温系数非常低。此外，南方地区湿度大、水蒸气进入室内后难以在短期内排出，当气温降低时，水蒸气就会结成冰，会降低室内的供热效果。同时，相较于北方典型城市 4 个月左右的供暖季，南方供暖时间较短，目前实施供暖的南方城市供暖季大约为 3 个月，且南方城市冬季热负荷波动较大，这些原因都进一步凸显了南方供暖能效问题。因此，反对者认为南方供暖会使供暖系统热能耗损较大，而且使用率低，造成供暖低效率和资源的浪费。

（3）南方供暖引发能源和环境危机

南方城市供暖首先需要落实好热源供应的问题。通过先前的调研，我们了解到尽管武汉、合肥市的部分居民已经安装了供暖设备，却因能源供应不足而迟迟享受不到供暖服务。能源瓶颈将成为南方大规模开展民用供暖的一大阻碍。另外，根据清华大学江亿课题组的研究结果，我国南方地区城镇需要供暖的住宅约 70 亿平方米，如果全采用集中供热，每年能耗要增加 5000 万吨标准煤，能耗会大幅上升，这将带来巨大的能源压力[①]。其次从环境角度出发，取暖造成的污染已成为我国北方城市的心患。自 2013 年以来，造成北方城市冬季雾霾的重要因素就有居民供暖带来的污染，“蓝天保卫战”“大气污染防治”一度成为北方城市工作重点。虽然不少地区已经开始尝试清洁供暖，但这需要依靠城市的资源禀赋、能源利用与转化技术等，南方城市发展清洁能源供暖的条件和能力还不能确定。清洁能源的供应若不能落实，南方供暖的开展很可能会重蹈北方城市的覆辙。

尽管民间呼声很高，讨论也十分激烈，但政府却十分谨慎。2013 年 1 月 25 日，住房和城乡建设部有关负责人通过《人民日报》予以了回应，该负责人表示，要求集中供暖的南方地区主要指夏热冬冷地区，涉及 14 个省（自治区、直辖市）的部分地区，其气候特点是夏季酷热，冬季湿冷，空气湿度较大，当室外温度 5℃以下时，如没有供暖设施，室内温度很低，人们的不舒适感同样很强，因此，从需求角度，夏热冬冷地区有必要提供供暖服务。但是，若该地区采取集中供暖，则会造成很大的能源损耗和能源供应紧缺问题，严重的还会造成能源危机，因此该地区应该因地制宜地采取分户式、局部式供暖。可以看出，政府一方面承认了南方地区冬季实际体感温度较低，有必要进行供暖，但另一方面以能源消耗和环

① http://news.hexun.com/2013-01-15/150171119.html。

境污染为由，不提倡集中供暖。

1.4 新时代城市发展的需求

早在2012年两会上，全国政协委员张晓梅提出传统的“秦岭—淮河”供暖线已经过时，南方冬季的阴冷天气远比北方难熬，而且近年来南方地区屡遭“冷冬”，在2012年12月中旬，上海、杭州、南昌、长沙、重庆等南方城市纷纷降雪，降雪范围大，气温再创新低。南方寒潮再次引发了一些市民对城市供暖的呼吁。尽管没有得到官方明确回应，但供暖关乎民生大计，部分城市如武汉、合肥已自行开展城市供暖。可以说，南方需要供暖逐渐成为人们的共识，成为许多南方居民的期待。

社会需求是城市发展的永续动力。在新旧动能转换的时代，城市发展的动力也有了新的内涵。首先，城市发展是“人”的发展，这是城市发展最直观的表征。人是城市的核心，不断提升人民生活质量是城市发展的出发点。其次，城市发展是“业”的发展，是城市的产业发展与经济增长，表现为高端服务业、高端制造业、高新技术产业和民生产业等不同产业的全面协调发展。最后，城市发展是“城”的发展，这不仅包括能源资源和环境保护为代表的生态环境的改善，还包括以城市规划和公共服务为代表的城市服务水平的提升。如此看来，城市发展就可以被解构为“人”“业”和“城”的发展。

从城市发展的关键逻辑出发，供暖项目符合“人”“业”和“城”的发展要求，这主要体现在：第一，党的十六大提出我国全面实现小康社会的宏伟目标，城市房屋建筑和居民住宅将会根据新的需求得到更快发展。第二，城市供暖事业迅速发展，现有城市供暖设施（热源和热网）已经满足不了人民的需要，必须加快城市供热基础设施建设。第三，城市治理环境的要求为发展清洁供暖提供了十分有利的机遇。第四，随着我国经济的发展，城市居民生活水平不断提高，人民对居住环境的舒适性要求不断提高，要求选用最佳的供暖方式满足用热需要。可以说供暖关系着人民群众生活质量，关系城市经济和社会的可持续发展，关系着城市能源节约和环境治理。作为城市一项重要的基础设施，供暖为城市经济和社会发展的提供重要的推动力，具体表现如下：

首先，供暖是改善城市居民生活质量的重要途径。人民需求得到满足是新时代城市发展的出发点和落脚点。习近平总书记的“人民中心论”，凝聚了党在领导建设富强民主文明和谐美丽社会主义现代化强国进程中所坚持的城市治理原则，那么在推动城市发展的路途中就要坚持以人民为中心的发展思想，坚持城市为人民服务。很明显，现行供暖模式难以满足南方居民生活的需求：一来，南方冬季温度不适合特殊人群的需要，过低温度对于常年居家的老人小孩、行动不便的病人、生产和哺乳期的妇女很是折磨。二来，从医院的数据看，供暖期前后成为各种疾病高发期。医院门诊就诊病例明显提高，流感等季节性疾病波及老人和小孩明显增多，家庭医疗开支明显上升，可以说钱没有用到供暖上却用到了治病上。三来，民用热效率低的电气设备采暖，存在安全隐患。多种电气设备同时使用，不仅增加了电费支出，还会因电负荷大增导致火灾事故多发，可以说花钱却没达到理想的效果。总之，南方地区居民供暖状况和生活需求明显不匹配，在这种情况下，满足南方供暖需求可以改善南方城市居民生活水平，解决缺暖引发的社会矛盾。此外，目前我国在民用热力供暖系统应用终端大部分没有设置计量装置，或计量机制不健全，制约了采暖效率的提升，造成了能源浪费。随着技术进步和经营模式创新，未来居民采暖的热力消费将向集约化、智能化方向发展，这对改善百姓的供暖质量、提供城市的服务水平有了很大的促进作用。

其次，供暖为城市经济发展提供动力。一方面，供暖市场的发展将成为优化城市营商环境、带动工商业发展、吸引高层次人才的重要助力。电子信息、生物科技、新材料等高新产业高度依赖于安全、稳定的热力供应。随着国民经济的快速发展，许多工业企业除了电力以外，也需要大量的热力产品，以满足生产过程的用能需求。据统计，目前国内工业热力需求占热力总需求的 70% 左右，并且南北方热力需求没有明显的季节或地域性差异，只与应用的工业领域有关。以长江以南地区为例，城市热力管网的主要功能是服务工业和第三产业。需要供热的工商企业供热需求一旦得到满足，可以有序地生产经营，提高产量，实现更高的经济效益；服务业作为热源的终端消费者，一旦满足供热需求，可以高效地提供服务，吸引更多的外商投资、更多的消费群体。可以说基础热力管网的建设成为保障第二、第三产业发展的重要载体。科技含量高、经济效益好、资源消耗低、环境污染少、人力资源优势得到充分发挥的新型工业、服务业是我国高质量发展的必然要求，而这又必须依赖所在城市的基础设施的建设，建设基础热力管网，提供热源，可以为城市工商业高质量发展提供基础条件。另一方面，发展南方供暖市场，将推动产业链主动、有效契合“新技术、新基建”进行重构和升级。在上游，将促进传统锅炉、空气源热泵向高效节能的新型热泵转变；中游来看，将促进热力管道传输、数字化调控系统的技术进步；下游需求端，将进一步推动 5G 技术在行业的应用，推动终端智能表计信息与中游调控、上游生产互联，将具备实时在线监控、远程抄表、在线缴费、智能调节、突发事件预警联动等功能。

再次，供暖为城市生态水平的改善提供动力。新时代追求高质量发展，供暖对城市生态发展有推动力的逻辑可以表现为供暖对城市能源战略调整以及供暖推动城市环境改善。从供暖与城市能源关系来说，这主要在三方面：一是如何加快构建清洁、高效、安全、可持续的供暖能源体系，把发展清洁低碳能源作为调整能源结构的主攻方向；二是如何在保持能源消费总量合理增速、控制能源消费规模情况下满足经济发展动力和居民生活的需求；三是如何通过产业调整和城市规划来提高发展质量，提升城市能源利用效率，消除不合理能源消费。从城市供暖发展和环境保护关系来说，城市的发展不能超过环境的承载力，也就是说在满足城市发展需求的同时，如何将环境污染限制到最低点是工作的重点。一旦能源与环境的问题得到很好的解决，城市供暖的落地将给城市发展带来巨大潜力。

最后，供暖可以改善城市规划水平、增强城市韧性、提高综合治理能力。具体来说，基础设施建设需要同步关注地上、地下、天空等线网建设和智能化改造，尤其要更加关注热电管网及相关市政设施的规划。对供暖系统所属的热电管网的建设强调要服从城市总体规划和城市热力规划，而规划并非小事，需要根据城市热负荷分布情况、街区现状、发展规划以及地质地形条件等确定。当由多热源供热时，为了互相备用，提高供热的可靠性和灵活性，各热源的输热干线间可设连通管或改为环状管，热网的布置应尽量减少对城市其他功能的干扰，方便施工和运行管理，因而很多城市将热电建设纳入长期发展计划。城市供热专项规划，是城市总体规划的重要组成部分，这对城市规划部门带来了巨大的挑战，也会激发城市管理水平的高质量提升，为新型智慧城市的打造奠定基础。推动供暖市场发展也是增强城市韧性的契机。2020 年新型冠状病毒席卷全国，南方百城更是疫情的重灾区，集中了约 90% 的确诊案例，疫情对产业与经济发展冲击较大。如果南方百城实现供暖，这不仅促进南方城市基础设施建设投资、提振居民消费，还创造工作岗位、拉动社会就业，提高了城市抵御风险的能力。此外，基于能源基础设施、依托数字化监管体系，可以整合政府社会管理和公共服务资源，提升城市综合治理能力。

总的来说，南方城市供热不仅能够有效满足城市居民的供暖需求，还能够为城市经济建设提供发展空间，在有效利用资源的基础上，达到节约能源、减少环境污染、实现经济效益、环境效益以及民生效益的共赢，为城市发展创造无限动力，着力将新时代的城市打造成“舒适”与“温暖”相伴，“智慧”与“绿色”并存的理想家园。

第 2 章　供暖的理论探讨与实践

研究“供热”问题，首先要对“供热服务”的商品属性进行界定，只有明确了“热”这种特殊商品的商品属性，政府才能在权衡效率与公平的基础上给出合意的配置或供给准则。基于对供热属性的理解，不同国家和地区提出了不同的供热模式。本章在理论分析的基础上，对各国供热实践进行经验总结，从而为南方地区是否应该供暖以及应该采取怎样的供暖路线，提供理论和实践指导。

2.1　供热服务的经济学理论探讨

研究供热问题，首先会涉及一类特殊的商品——“热”商品。如何界定“热”的商品属性，关乎市场如何供给，政府如何监管等问题。目前理论界对供热服务基本属性的探讨相对较少，许多学者从北方地区的“城市集中供热”出发，认为城市集中供热是涉及民生的公用事业，其基本特征是基础性、公用性和服务性，因而将其归属于准公共物品，这种分类方式存在下列不妥之处。首先，研究对象仅限定为“城市集中供热”，分析的只是供热的一种特定形式，是一个相对较小的范畴，并不包括分户式供热、区域供热等其他供热形式所提供的“热”商品；其次，从物品分类角度，划分标准不清晰，有学者认为，城市供热是具有排他性和非竞争性的准公共物品，而另有学者认为城市集中供热是具有非排他性和不充分的非竞争性的准公共物品，可见，即使是对集中供热的商品属性，学者们也没有取得一致认识。随着南方供热的发展，探讨“热”的商品属性，不能仅局限于城市集中供热，应从经济学理论角度，系统分析商品分类标准，从学理角度鉴定“热”的商品属性。

2.1.1　商品分类探讨

经济学中，通常根据消费的排他性和竞争性标准，将商品分为四类（图 2.1），分别是公共物品、俱乐部商品、公共资源、私人物品。然而，随着对公共物品特性研究的深入，许多学者认为公共物品的边界与范围不能仅依据排他性和竞争性标准进行划分。Holtermann（1972）认为界定公共物品的标准是物品属性，不同经济物品具有不同的公共性，对应不同的产权配置；Hudson 和 Jones（2005）认为产权和技术的变化会引起该物品属性的变化，物品分类的唯一标准是公共性。

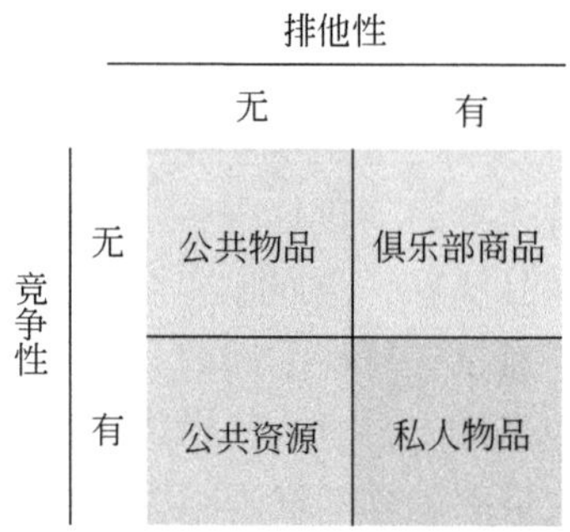

图 2.1　根据排他性与竞争性标准对物品进行分类

事实上，通过“竞争性”和“排他性”对公共物品、准公共物品、私人物品进行界定，实际上反映的是以下两个因素的共同作用：一是社会公共性的范围；二是技术的可行性。社会公共性定义了在什么范围内需要“排他”；技术的可行性涉及“排他技术”和“计量技术”，前者关乎是否可以实现“排他”，后者关乎是否可以将物品拆分计数，以避免群体共同消费同一物品。例如，国防、治安等物品，其公共性范围为全体社会成员，在物品性质上不需要排他，而且这些物品不可拆分，不可计数，一个人的消费使用对他人没有影响，在消费上不具有竞争性，因此属于纯公共物品。对于免费提供的疫情防控物资，虽然也关系到全体社会成员，但物资发放可计数，存在量的限制，一个人的消费使用情况会影响到他人是否能够满足需求，这导致群体内部会出现竞争性，因此，这些物品属于准公共物品。而对于被定位为商业产品的高端疫情防控物品，这些物品只为满足社会某些成员的某种消费需求研发，在技术上因“排他”带来的收益大于用于“排他”的成本，而且在消费上会存在竞争性，因此属于私人物品。

因此，从社会发展视角来看，物品的公共性质和技术水平是决定物品分类的重要依据。物品的公共性质和技术发展是一个历史过程，物品的排他性和竞争性并不是一成不变的，而是处于动态变化中，由此导致物品的分类也是一个动态的过程。随着技术进步，许多纯公共物品有向准公共物品、私人物品转化的趋势。在物品的“公共属性”不断向“私人属性”转化的过程中，其转化程度不仅取决于物品的社会属性（物品消费的公共性质），还取决于物品的物理属性。这种物理属性在一定程度上阻碍或促进了排他技术和计量技术的应用，从而对物品分类产生了实质性影响。

2.1.2 “热”的商品属性

当前，“热”的供给方式有两种（图 2.2）：一是居民自供暖；二是企业提供区域或集中供暖。在居民自供暖方式下，家庭使用火炉、火墙、电加热器、燃气加热器等供暖设备，这些供暖设备所提供的热量由单个家庭独享，所花费的费用也由单个家庭负担，具有“谁使用，谁付费”的特点。所以，在这种方式下，依托于供暖设备的“热”商品具有完全竞争性和排他性，是一种私人商品。在全空间、大范围供暖，热辐射较强时，居民自供暖具有一定的正外部性。

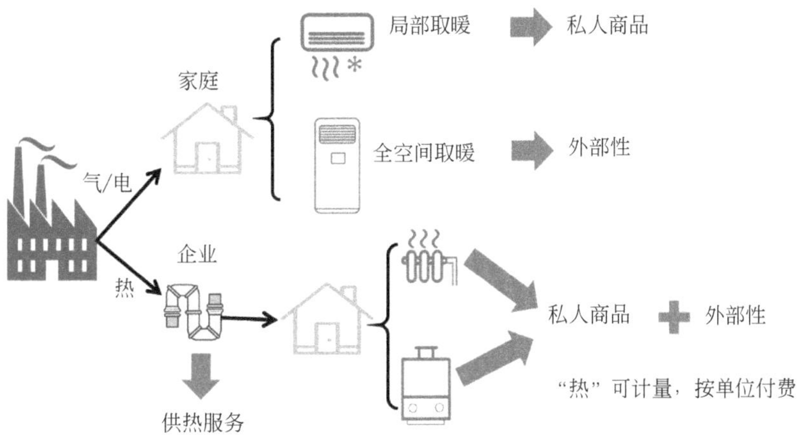

图 2.2 供热的技术和产权属性决定商品属性

企业提供供暖服务时，实质上居民购买的是“服务”和“热量”这一组合商品。以往由于对热量无法准确计量，导致对“供暖”商品属性认识不清，将“供暖服务”和“热能”商品相混淆，“按面积”定价的不合理政策，也出现了严重的热量浪费现象。在供暖技术条件可以精确掌握供暖温度，可按单位热量计费后，“热量”商品与“供暖服务”就可分离。“供暖服务”需要依赖于热力管网，热力管网具有普遍服务的特性，一旦建设完成，在某一区域甚至更大范围内共享共用，只要付费接入网络并且购买能源产品就能够获得相应的运输服务，因此，尽管热网运输服务具有排他性，但这种排他性相对较弱，需要依赖于对能源商品的购买，而且前期高昂的固定投资通常使管网投资具有自然垄断特性，为解决市场失灵维护公共利益，需要政府介入，政府公共管制会强化管网通道的“公共属性”，在一定程度上减弱管网通道的排他性，“供暖服务”基于管网等设施，被区域内成员共同拥有，在使用过程中，每个成员享受与其他成员同样的待遇，因此，热力管网具有一定的准公共物品属性。

尽管“热能”商品以看不见、摸不着的物理形态存在，但当前技术已经可以实现在终端侧通过仪器计量物理消费量，因此，从当前市场制度安排和技术发展现状来看，热商品已经具有了私人物品的属性。这里需要强调的是，就目前隔热技术而言，热并不是完全意义上的私人商品。这是因为热除了具有看不见、摸不着的物理属性，它还具有一种十分特殊的物理性质，即自然传导性。自然传导性是指热量会自发由高温物体向低温物体传递，直到两种物体间温度相同，达到热平衡的自然现象。热能的传导性会带来大量的热流失，从而产生外部性问题。在集中供暖情景下，如一户人家即使把所有暖气片都关掉，但上下左右邻居家开着暖气片，这户人家也会有暖洋洋的感觉，因为热能会自发地从邻居家传递到这户人家。热的自然传导性对热的存储和传导方式提出了更高的技术要求，同时也给热的准确计量造成困难，现行技术尚不能完全克服热传导，也就意味着热能在严格意义上不满足排他性。

2.2　国外供暖实践

2.2.1　俄罗斯供暖服务历史发展及演化路径

俄罗斯的区域供热系统是世界上最大的供热系统，它为俄罗斯73%的人口提供供热服务，热用户高达1.04亿户，俄罗斯的区域集中供热覆盖了92%的城镇地区和20%的农村地区，覆盖范围非常之广，是俄罗斯非常重要的民生系统工程。俄罗斯的集中供热占俄罗斯全年化石能源消费总量的32%，因此供热能源效率对俄罗斯的环境效益和经济效益有着举足轻重的影响。

（1）俄罗斯集中供暖系统的历史发展进程

俄罗斯的集中供热诞生于1903年。苏联时期，第一个集中供热系统由圣彼得堡电力技术学院的德米特里耶夫教授和金捷尔工程师共同设计并建成，利用当地发电厂汽轮机为奥尔登堡王子儿童医院供热。1908年，该学院的相关教授对热电联产生产效率进行进一步改进，开发了第一代热电厂和热网技术方案。

1924年11月，彼得格勒第三电厂被成功改造为热电厂，并向附近住宅楼供热。

这一次热电厂直供居民小区标志着俄罗斯热电系统集中供热的开端。随后，莫斯科开始铺设热力管网。1928 年，第一条热力管网建成，它主要是一条由热工研究所热电厂向附近工厂及其他公共建筑供热的蒸汽管道。

从 1931 年起，俄罗斯集中供热事业进入发展壮大阶段，热电联产基本技术方案得到开发，技术政策逐步形成。1931 年 6 月苏共中央委员大会召开，会上将热电联产提升到国家发展战略高度，大力发展热电厂在大型工业中心的先行建设。会上定下目标，要求俄罗斯争取在该年年底形成贯穿全国的热网系统。至 1941 年，莫斯科已运行的热电厂就达到 6 座，热水管网共计 63 千米，蒸汽管网共计 17 千米，向 445 个居住小区及附近工厂供应电力、热水和蒸汽。

第二次世界大战后，随着地处寒冷气候区的北欧及德国集中供热的迅速发展，俄罗斯的热电厂和集中供热基础设施的建设步伐也随之加快，热电厂工艺的形式及技术方案、相关供热理论基础得到系统全面的发展。20 世纪 50 年代末期，俄罗斯实现了城市中心及工业区热电联产系统全覆盖。到 1970 年，俄罗斯全境共建成热电厂 100 座，汽轮机装置 600 多个。1955 年，由热工研究所设计的尖峰锅炉在热电厂得到应用，热网供水温度从 110℃调至 150℃，保证热电厂具有最佳热化系数的能效和输出。为进一步提升热电厂经营效率，俄罗斯大力发展高参数供热汽轮机，于 1957 年制造了第一个功率为 50MW 的超高压供热汽轮机。随后，俄罗斯又制造出一系列不同类型的热电联产汽轮机，供热功率能够逐级增至 250MW，蒸汽压力达到超临界参数，也就是进气压力能达到 24MPa，温度甚至能达到 540℃。至 20 世纪 90 年代，俄罗斯供热功率超过 300MW 的热电厂已超过 80 座，其中 12 座热电厂供热功率达 600 ～ 700MW，9 座超过 1000MW。

1975 ～ 1990 年，在俄罗斯热电厂建设稳步发展的同时，主要的管网基础设施开始出现老化现象。1991 年以后，苏联解体和自由化改造对俄罗斯经济造成了巨大影响，热电联产生产能力大幅下降，大型热电设施停止建设，热电厂的产电量降低了约 15.5%，供热量降低了约 33.8%，设备与管网加速老化。这个时期发展的主要特点是：系统集中供热与分散化供热相互结合，以进口设备为主的分散式自动化供热系统得到优先发展，自动化系统技术方案得到大幅应用。

2000 年，俄罗斯热能动力工程逐步复兴。俄罗斯首座大功率蒸汽－燃气热电厂的运行成为标志性事件，该热电厂的全部指标都符合甚至高于国际同等水平。在 21 世纪，俄罗斯小型热电厂建设得到发展，热电厂自动化设备也逐步实现国产化，形成以大型和小型热电厂联合集中供热为主的新发展理念。

2003 年，俄罗斯境内供热热源包括热电厂 485 座，其中直供工业的热电厂有 244 座，大功率锅炉房 920 个，中等功率锅炉房 5570 个，小型锅炉房 182 个，这些强力全面的热力基础设施为居民供热提供了良好的保障。到 2011 年，俄罗斯集中供热的居民小区建筑的集中供热率达到 81%，64% 的居民能得到热水、暖气的供应保障（赵金玲，2015）。

（2）自由经济下俄罗斯供暖模式的新变化

苏联解体后经过十余年休克疗法的经济整顿，俄罗斯许多国有化的供暖管网和热电厂逐渐开始了私有化的改造，自由化的资本主义经济在俄罗斯逐渐占据主导地位。进入 21 世纪后，随着以往举国供暖体制弊端不断显现，人们对以往大型热电厂低质的供暖服务和不断攀升的用热价格愈发不满，改革下的财政问题和投资困乏也使得老旧管网多年来缺乏维护，热效率和热服务不尽人意。

为了将供暖市场化工程改革向纵深推进，一方面，俄罗斯政府开启了多项热电设备和管网的更新改造工程，热能动力工程得到新一轮的复兴，还原热商品本质的热计量改革也在循序推进。另一方面，为了满足用户取暖的多样化需求，去中心化的可靠供暖方案不断发展，市场上逐渐形成了大型热电厂和小型热电厂联合供暖的局面，供暖模式也由传统的举国上下集中供暖往集中供暖与分散供暖相结合的模式转变（图 2.3）。

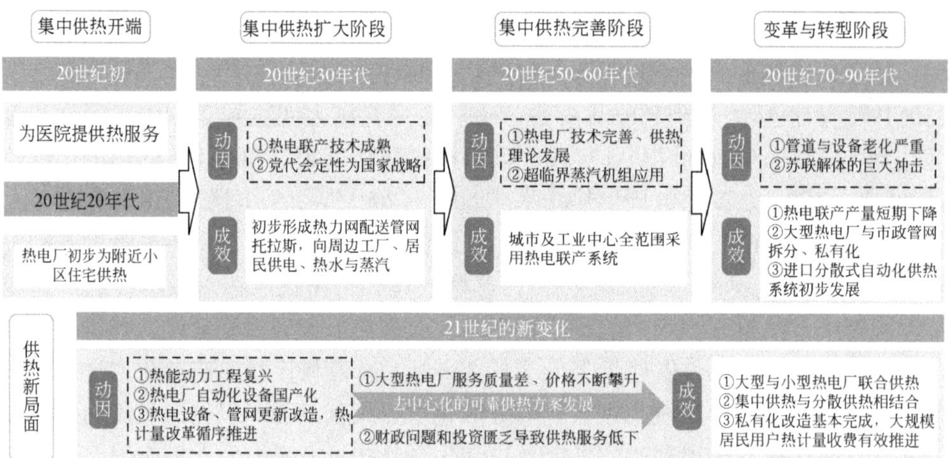

图 2.3　俄罗斯集中供热体制历史演变轨迹

2.2.2　美国供暖服务历史发展及演化路径

美国拥有丰富的能源储量、低廉的能源价格、地广人稀的地域分布，并依靠其高度发达的自由主义经济发展出以分布式供暖为主体的居民供暖模式。美国作为世界上分户供暖率最高的国家之一，国内除了大城市的中心建筑，如学校、医院等公共设施以外，几乎没有集中供暖、区域供暖的市场。

（1）美国分散式供暖系统的历史发展过程

19 世纪初，美国开始出现中央供暖，南北战争之后逐渐普及，当时主要使用燃煤锅炉作为取暖设备，需要工作人员不断向炉子添加燃料并照看，这种低效的供暖系统一直到 20 世纪 20 年代才被完善。与此同时，燃油锅炉的发明也使供暖系统更加可靠高效。

第二次世界大战之后，天然气管道开始大规模铺设；20 世纪 60 年代，由于天然气价格较低、通用性高于燃油、来源稳定可靠，天然气成为最主要的燃料来源，中央供暖开始销声匿迹。

之后，随着美国经济的发展，分户自供暖成为美国家庭取暖的首要选择。分户自供暖发展过程中经历原油价格暴涨暴跌、页岩气页岩油开采技术发展健全等诸多事件，但这些只影响了美国居民对供暖能源的选择，并没有影响到全国上下的供暖模式。

（2）美国形成分散式供暖系统的主要原因

美国的供暖基本作为私人商品存在，遵循商品的市场规律，因此美国将分户自供暖作为供暖主流方式，与美国的资源禀赋背景是分不开的。

首先，美国人均国土面积大，地广人稀，不适宜发展集中供暖。2019 年美国人口密度为 36 人 / 平方千米，世界排名第 20 位，同年中国人口密度为 138 人 / 平方千米，世界排名第 11 位。地广人稀的资源禀赋给美国带来了丰富的耕种土地的同时，也给美国公共供暖事业的发展带来阻碍。集中供暖高昂的固定资产投入和较低的人口密度使得供暖投资难以回收，各州政府不愿承担也无义务承担供暖资本投入、市场不看好集中供暖收益，因此美国除公共设施以外的建筑基本不选择集中供暖。这是美国无法发展集中供暖的核心原因。

其次，美国能源储量丰富，能源价格低廉，居民部门用能量价有保障。美国居民部门供暖油 2018 年平均价格为 2.421 美元 / 加仑①，居民用天然气价格 9.26 美元 / 千立方英尺②，价格相对低廉；美国 2018 年人均天然气储量 3.6 万立方米，人均原油储量 187 桶③，人均能源储量丰富。大量的能源产量和能源存量为美国居民部门的能源消费提供了用量、用价保障，使得美国居民分布式取暖的成本在

①1 加仑（美）≈3.785 升。
②1 立方英尺≈0.0283 立方米。
③1 桶（原油）≈158.98 升。

可接受范围内，进一步降低了美国采取集中供暖的必要性和经济性。

最后，美国居民人均收入高，供暖支出占比较低，分户式供暖性价比高。根据 EIA 的估计，美国 2013 ～ 2014 年冬季使用天然气取暖成本为 679 美元（1.3%[①]），电取暖成本为 909 美元（1.7%），油取暖成本为 2046 美元（3.9%），取暖支出与美国居民年收入相比基本可以忽略。高收入、低成本使得分户供暖在美国具有较高的性价比，再加上分户式供暖具有灵活、可控的优势，美国居民以使用分户自供暖为主。

目前美国约有 1.17 亿户家庭，根据人口普查局的统计，使用天然气、电力供暖的家庭占美国家庭的九成左右。其中，近 50% 的家庭使用天然气供暖，使用电力供暖的家庭约占 39%，电力供暖虽然价格比天然气高不少，但在各种供暖方式中，还算是比较便宜的（图 2.4）。此外，6% 的家庭使用取暖油供暖，5% 的家庭使用丙烷供暖，还有约 250 万户的家庭用薪柴取暖。

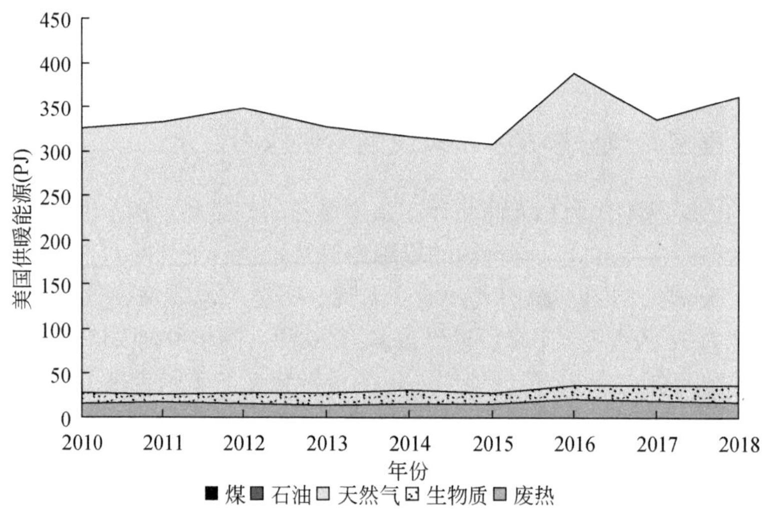

图 2.4　美国供暖用能来源分布

数据来源：IEA（https://www.iea.org/data-and-statistics）

对标美国，我国东部沿海的经济发达地区大多已经具备了承担分户供暖成本的能力。因此，在保证我国用能稳定、安全的前提下，我国南方部分城市已经到达了可以发展分户供暖的阶段。

①以美国 2013 年居民年收入中值 51 939 美元计算取暖支出占比。

2.2.3　丹麦供暖服务历史发展及演化路径

丹麦是欧洲大陆最先发展区域供暖的国家之一，它凭借着前瞻的规划、与时俱进的用能策略、不断普及的绿色环保意识，成为欧洲区域供暖模式的典范。

（1）丹麦区域性集中供暖系统的历史发展过程

20 世纪 70 年代两次“石油危机”之后，丹麦政府开始制定能源政策。1979 年，丹麦颁布了第一个供热法，对供热规划的形式和内容做出了规定，意味着丹麦的供热规划进入了新的阶段。供热规划分为几个阶段：一是地方政府对当地的建筑需热量、采暖方式、采暖能源消耗现状进行调查，预测未来的需热量，根据这些资料，地方议会对当地供热情况进行总结。二是地方政府起草一份关于供热规划的草案。三是在前两项的基础上，地方政府制定确定的供热规划，说明以下问题：应该在什么地方优先考虑什么样的热源形式；集中供热管道和供热设备的选址。

为了降低供热成本，满足人们对更加环保的热源形式的期望，1979 年丹麦出台了天然气计划，同时开始推广热电联产技术。1986 年，丹麦出台热电联产计划，分散式热电联产是丹麦主要的能源政策，政府和集中供热公司之间签订热电联产协议，要求热电厂发电容量达到 450MW 以上，鼓励研究应用多样化的热源设备，尤其是以垃圾和生物质作为燃料的锅炉设备。丹麦第一个阶段的集中供热政策到 20 世纪 80 年代末结束，执行这一阶段政策的地区建立了集中供热系统。

1990 年，丹麦对集中供热法进行了修订，为了适应修订后的法律，地方政府开始实施新的集中供热规划体系。为此，丹麦开始展开一系列工作，以促进推广分散式热电联产，具体包括：将既有的热电分产变为热电联产，增加天然气在热电联产中的使用比例，优先使用环保型的燃料，通过扩大天然气输送管网，保证能源安全，降低 CO_2 排放。此外，还要求分散采暖的用户必须使用集中供热。热电分产向热电联产的转变过程分以下三个阶段：一是 1990 ～ 1994 年，在天然气管网覆盖范围之内，大型的燃煤锅炉、大型天然气锅炉转变为天然气热电联产，引入垃圾焚烧设备；二是 1994 ～ 1996 年，在天然气管网覆盖范围之内的中小型燃煤锅炉、中型天然气锅炉转变为天然气热电联产，不在天然气管网范围内的燃煤锅炉转变为利用稻草、木屑或其他生物燃料；三是 1996 ～ 1998 年，小型天然气锅炉转变为天然气热电联产，剩余不在天然气管网范围内的燃煤锅炉转变为利用稻草、木屑或其他生物燃料。

经过 8 年的努力，丹麦成功完成了各个阶段的任务，使得热电联产的分布密度在欧洲国家中最高。在电力市场价格更有优势的时候，热电联产以生产电力为主。由于丹麦本国电力消费有限，一些时候，如果电力生产供应量过多，只能以低于生产成本的价格卖给周围国家，损害了国家和电厂的利益。为了避免这种损失，2003 年 7 月 1 日，丹麦规定热电联产获得补贴的条件免除了必须同时生产热量和电力，因此热电厂开始根据市场对能源的需求情况制定热电比。2004 年 3 月，丹麦政府与更多的能源企业签订协议，激励更经济高效的热电联产。2012 年 11 月，丹麦政府和集中供热企业以及其他的能源企业签订协议，约定到 2020 年每年降低能耗量 3%。从 2013 年起，禁止新建建筑使用燃油锅炉或燃气锅炉。从 2014 年起，逐渐淘汰使用化石燃料的集中供热，推进生物燃料的使用。从 2016 年起，集中供热管网及天然气管道覆盖到的地方，既有建筑不能安装燃油锅炉，对于没有集中供热的地方，建议使用太阳能加热泵的方式供暖，并给予税收优惠。在更长远的未来，使用风力发电驱动电热泵进行供热，以及利用地热能供热，是丹麦的努力方向。目前，丹麦供热市场中集中供热的份额约为 60%，热电联产的效率有了显著的提升，从 1980 年的 50% 增长到 2000 年的 70%。居民用热也变得越来越高效清洁（图 2.5）。

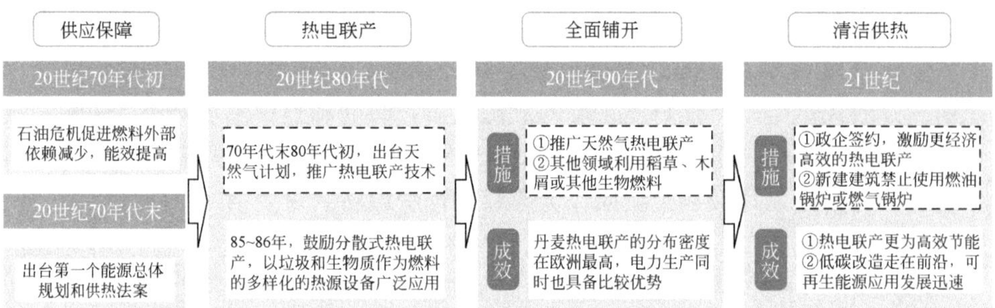

图 2.5 丹麦区域性集中供热发展历程

（2）丹麦区域性集中供暖系统的治理模式

丹麦的集中供热节能以政府为主导，政府制定一系列的规定，与供热企业签订协议，强制供热企业做出改变。一开始，丹麦政府会制定国家层面的供热行业法律，为区域供热提供经济社会成本效益测算的基本框架。然后地方的市政当局基于相关的行业法规和地方实际利益制定符合区域实际的供热计划，并批复用热设施的建设计划。获得许可后，供热企业则会根据建设计划和运营状况测算投资支出和用户成本,某些情况下为了提升热网使用率还要响应政府的号召挖掘潜在热用户群体，为其提供一定的前期折扣。最后，热用户群体为了争取自己的利益还会抱团组建用户协会，主动提供各项反馈去影响区域供热企业的投资决策和各项服务举措。

通过实行以上一系列的集中供热节能政策和政企与居民的良性互动，丹麦集中供热更加高效和环保，同时也促进了丹麦集中供热技术的进步，促进节能产品的研发制造（图 2.6）。丹麦虽然只有 600 万人口，却产生了很多节能产品、咨询及服务公司，拥有繁荣的节能环保行业。根据丹麦能源部统计，2010 年丹麦大约有 22 000 家企业从事节能环保产业，营业额占所有企业的 9.2%。丹麦的节能环保产品、技术、服务还向国外输出，为本国经济发展做出重要贡献。

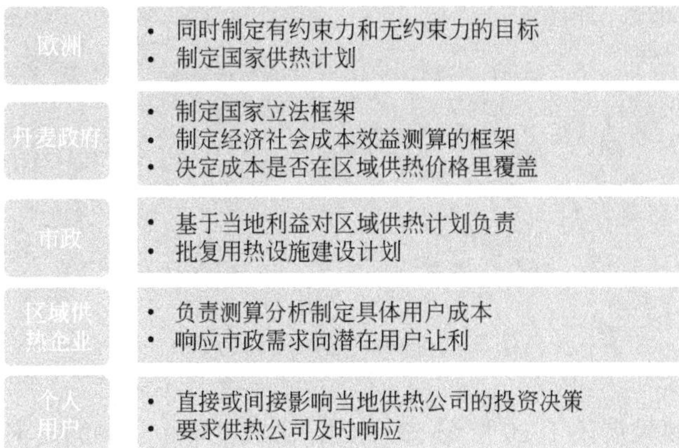

图 2.6　不同级别政府和热系统用户的良性联动

2.2.4　瑞典供暖服务历史发展及演化路径

瑞典是位于北欧的一个高度发达的资本主义国家，它气候寒冷，工业发达，社会福利制度健全。瑞典一直致力于将化石燃料能源热电系统转化为可再生能源主导的具有韧性的热电系统。区域供热系统可以在增加可再生能源供热的同时降低一次能源消耗。在欧洲，区域能源系统的灵活性和经济性使得它在芬兰、丹麦、波罗的海附近的国家和东欧地区应用广泛，瑞典尤为如此，它的区域供热系统的发展和建立有着自己独特的轨迹。本部分具体介绍瑞典供热模式形成的影响因素，归纳瑞典区域供热系统中政府、热力厂商和社会公众所扮演的角色及瑞典供热模式的一些一般性特征。从长远的角度来看，瑞典的供热实践能给我国供热事业带来新的启示，有利于更好地贯彻落实新发展理念，同时兼顾好社会和经济利益，有效管控企业和公共部门组织管理供热活动。

（1）瑞典区域供暖系统的历史发展过程

瑞典的供热模式是基于客户中心导向、综合利用多种燃料和既有热源发展起来的。瑞典集中供热系统的热供应量对各类工商业用户和住宅用户的热负荷需求十分看重，它的供热系统在几十年的历史演进中逐步由“以能量生产为导向”转向“以热负荷实际需求为导向”，用户为他们实际的热需要量买单（图 2.7）。

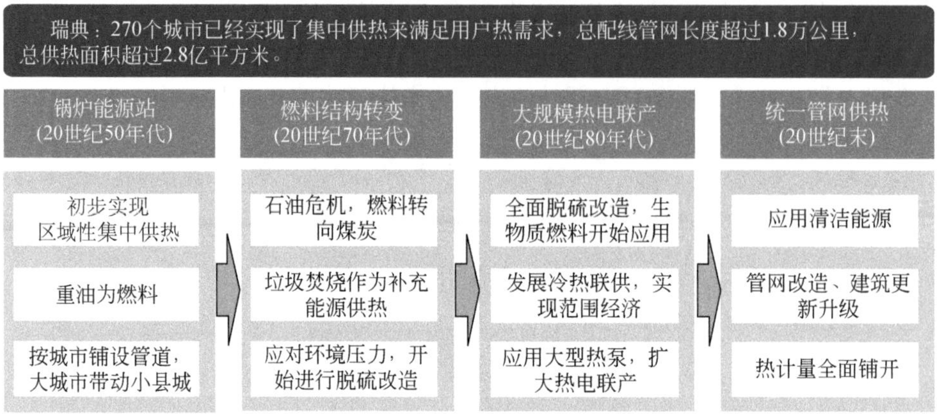

图 2.7　瑞典热电联产发展历程

瑞典的供热发展始于 20 世纪 50 年代，区域性集中供热的需求产生于为客户提供空间取暖和生活热水。目前瑞典有 270 个城市已经实现了集中供热满足用户热需求，供热总配线管网长度超过 1.8 万千米，总供热面积超过 2.8 亿平方米。

20 世纪 50 年代重油在国际大宗商品市场物价低廉且供应稳定，故瑞典的集中供热持续到 70 年代一直采用重油作为锅炉的供热燃料。但到了 20 世纪 70 年代末，OPEC 严厉控制石油输出，世界范围内爆发了范围广也影响深远的石油危机，瑞典的许多区域性集中供热的供热公司于 20 世纪 80 年代初纷纷将主要燃料由重油转向了煤炭。同时，垃圾焚烧还在瑞典一些地区兴起过，瑞典许多城市的供热公司曾于 70 年代开始陆续进口其他国家的垃圾，使用其他国家垃圾焚烧作为补充能源供热。

在 20 世纪 80 年代，北欧诸国开始对环境问题高度关注，制定了各种法案限制了硫化物及其颗粒的排放，像重硫化物的排放限制先是限制在 1% 之内，后续又逐步降低到 0.3% 以内。瑞典各地的能源系统安装了除硫设备，并在燃油能源站和燃煤能源站配用了催化剂。基于环保压力的层层加压，清洁能源的利用也在瑞典开始如火如荼地开展起来，供热公司在 80 年代于他们的区域集中型供热系统中开始大量使用大型热泵作为补充，像地源热、海水、湖水、处理过的污水都是这些热泵重要的热力来源。后来，随着冷热联供的兴起，这些大型热泵系统大部分都改造成能同时提供供热和供冷服务的新型区域能源供给系统，在扩大其规模的同时又实现范围经济。

20 世纪 90 年代，气候变化与全球变暖逐渐成为能源与供热行业关注的焦点，供热公司又一次改变了供热系统的燃料结构，能源利用率和清洁性得到进一步的提升。为了应对 90 年代瑞典政府征收的二氧化碳碳税机制，供热公司开始纷纷寻求化石能源的有效替代燃料。由于瑞典的森林资源十分丰富，发达的林业系统为供热行业带来了稳定的废料，这些林业废料通过一定工业循环可以转化为生物质燃料，垃圾焚烧行业供热在此期间也得到了一定的发展（图 2.7）。

进入 21 世纪，瑞典区域管网的改造与热网循环系统结构的改善为供热行业的能效和减排大幅增添助益。瑞典较早的供热能源系统设计为 120℃的供水温度，70℃的回水温度。随着技术进步和管道结构设计优化，新型供热系统将供水温度定位 80 ～ 100℃，回水温度定为 33 ～ 53℃。设计温度的降低能有效降低热电联产机组的背压，输配管网的热损耗率也进一步下降。再加上末端建筑的升级改造与能源利用率的提高，20 世纪 90 年代至 21 世纪初，瑞典在保持建筑舒适度的同时，供热与生活热水的能耗都降低了约 27%。瑞典的分户热计量也有了长足的发展，居民端大部分建筑都安装了能耗计量表，按表收费。

（2）瑞典供暖模式形成的政治和社会环境

瑞典独特的能源和环境政策促进了区域集中供热模式的形成。这种政策与管制机制对区域供热系统中燃料和能源的使用产生了重大影响。20 世纪 70 年代，石油危机引起石油价格迅速上涨；1991 年，能源税收体系进行改革，引入了碳税。能源税收改革在很大程度上解释了生物质热电厂的巨大增长，也促进了城市固体垃圾余热和工业废热在区域供热系统中的重新利用。瑞典化石燃料储量较小，这种禀赋使得瑞典对化石燃料征收高额的税收引发争议相对较少。能源税收改革是税制改革的重要组成部分。随着 2005 年碳排放交易体系的引入，根据公众的接受程度和家庭收入水平，政府对个人采暖的燃料消耗征收碳税会逐渐提上日程。瑞典还存在着部分低收入家庭无法支付供热费用的问题，这些大概率都是由于瑞典相当高水平的能源效率标准和社会保障体系所造成的。

瑞典对区域供热系统的公用事业公司和相关的热量用户也有一些投资补贴和优惠政策。这些优惠政策在对独栋建筑和小范围住宅区纳入区域供热系统发挥了重要的作用。20 世纪 90 年代的“工业废热利用补贴”也特别成功地促进了工业废热在区域供热系统中的再利用。

瑞典中性稳健的所有权与制度安排促进了区域供热模式的形成。在特定环境下，区域供热系统的建立需要有一个中立的组织，这个组织愿意长期投资并有效调配资源来管理这个系统。在瑞典，市政当局就是这样一个组织，它在建立和发展区域供热系统方面发挥了重要作用，也负责区域供热系统 58% 的能源供应。许多城市的市政公司也对当地的电力资源分配负责，一部分区域供热系统自然而然地将旧的燃油燃煤电厂改造为热电联产，这不仅减少了初始投资，还实现了范围经济。瑞典成功建立区域供热系统的一个重要因素在于，他们确保了学校、医院和市政住房等公共建筑的供热，这是瑞典民用供热事业有序发展的重要开端。此外，1965 住房方案规划建造 100 万套配套齐全的住房，这有助于引入和扩大区域供热，它们很大一部分是由当地房产公司和市政管理的。

瑞典有着强大的中央政府领导和市政主导区域供热系统的传统。与瑞典类似，欧盟其他 15 个国家的区域供热系统都是一般都是从市政倡议开始的。而东欧的新成员国也开始通过政府规划启动了区域供热系统的建设。欧洲地区供热的制度设置既有类似之处，也有不同之处，供热规划还可能会随时间而改变。例如，瑞典相当一部分的公用事业和供热系统现已国有化或出售给跨国公司。

瑞典良好的公众认知和舆论环境为区域供热模式的形成奠定强力后援。瑞典的现有供热方案在居民部门内得到了高度认可。由于供应可靠，价格有竞争力，区域供热系统也享有普遍良好的声誉。这些公共认知对区域供热系统来说十分重要，因为连接进入区域供热系统意味着业主丧失对热力系统的控制权，因此供热的稳定性和连续性对居民来说至关重要，集体供热方案的验收和区域供热的公众意见是市政监管非常重视的因素。

1996 年瑞典能源市场改革后，越来越多的区域热力系统的公用事业公司被出售给跨国公司，在热电联产电价和热价较高的一些城镇，人们对区域供热的信心受到了一定程度的挫败。同时，伴随着燃料和其他能源运输的价格上涨，区域供热系统的税额和热费也相应增加。为了解决这一问题，市政当局对小区供热部门进行了多次调查。然而调查结果都显示，大型国有企业或跨国公司并没有滥用它们在当地的垄断地位。尽管如此，为了保持对区域供热的信心，能源市场监察当局不断加大区域供热部门的监察力度，并于 2008 年 7 月通过和生效了一项旨在加强用户地位的新的区域供热法案。

（3）瑞典供热模式的一般性特征

由瑞典 20 世纪 70 年代到最近的供热历史变迁可以看出，在政府有效管制和供热规划有步骤地实施下，瑞典的供热模式已逐渐由化石能源主导转向可再生能源广泛应用的区域供热系统，此间热电联产和生物质等多种新兴的清洁供热手段不断被采用，未来瑞典还将建成更为清洁的可再生化的全能源供热系统。目前瑞典的供热模式可归为以下几点（图 2.8）。

第一，基本实现无化石电力生产和热力供应。瑞典是一个缺少化石能源的国家，本国能源方面的要素禀赋基本只有泥炭，再加上石油危机冲击后，瑞典有意识地调整供热系统中的能源使用模式，不断提升可再生能源的利用比例，对化石能源的依赖逐渐摆脱。

第二，基本形成完善充足的区域供热系统。人均用热用电量较高，热网负荷稳定。

第三，形成政府主导、地方市政因地制宜的区域供热系统，供热规划发展完善稳妥。

第四，热网归属与运营逐渐外资化。市政公司的热力系统逐步售卖给一些大型国有企业或跨国公司，市场格局重塑。

第五，政府和社会公众环保意识高，对城市垃圾处理的管制政策和惩罚机制严苛，积极在区域供热系统中引入垃圾余热回收利用，并通过可再生能源证书交易机制激活市场。

第六，可再生能源在区域供热系统中推广经验丰富，热电联产、工业余热利用、生物质、地源热泵等新兴手段应用广泛。

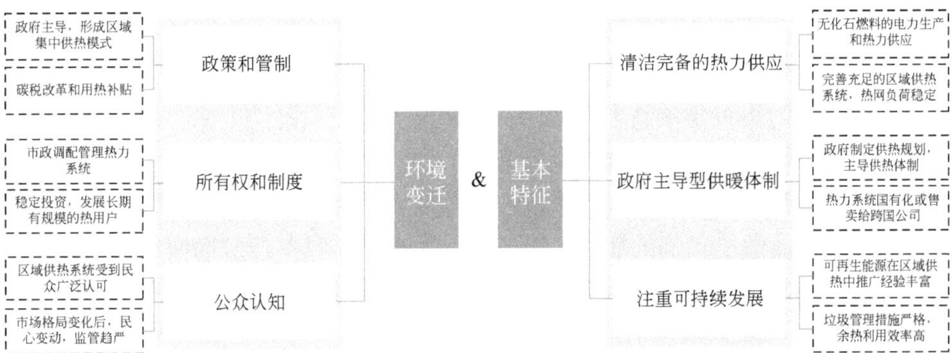

图 2.8　瑞典供热模式的政治社会环境和基本特征

2.2.5　日本供暖服务历史发展及演化路径

日本是东亚经济强国，人口约为 1.3 亿，GDP 世界排名长期居于世界前三，拥有世界知名的东京都市圈、大阪都市圈等城市群。气候上属于温带海洋性季风气候，终年温和湿润。南北气温差异十分显著。绝大部分地区属于四季分明的温带气候，夏季漫长、冬季湿冷。北部的北海道属于亚寒带，1 月平均气温为 −6℃，7 月平均气温为 17℃。发达的经济环境和季风气候的特性让日本发展区域性供热系统和冷热联供有着先天的基础条件。

具体而言，日本的区域性供热行业的兴起有着多种时代背景和社会经济背景。其发展历史和兴起动因可总结为以下内容：

（1）日本区域性分散供暖的历史发展过程

日本主要以环保目标和改善居民生活品质为动力，掀起了热供给事业的建设高潮。第二次世界大战后，日本经济高速发展。20 世纪 60 年代末日本通过通产省的 1955 战略导航奠定了日本在世界经济中举足轻重的大国地位。同时，环境污染和能源危机也造成了日本严重的经济、社会问题，区域性供热和供冷系统也应运而生。具体有以下几点：

第一，工业发展带来的环境污染问题倒逼日本城市群集约化供热，以进行节能降耗。以东京为例，1955 年制定了《煤烟控制条例》来应对逐日严重的大气污染和相关的社会问题，该法案要求对暖房用锅炉产生的黑烟和亚硫酸进行集中改造，对污染物进行共同处理。1971 年《东京都市民公害防卫计划》发布，办公楼集中地区、新开发楼盘开始推进冷暖房设施的建设。1971 年 4 月，新宿的都心地区逐渐引入冷暖房设施，如东京都政府大楼、京王广场酒店、新宿公园塔等 15 栋建筑开始预订供热服务，京王广场酒店的开业标志着民用热供给事业的有序发展。大城市群实施区域性集约化冷热联供是改善城市环境的有效方法，于是日本政府在制定《公害防治法》时将区域性供热供冷系统作为重要的提案予以研究，环保部门也直接参与了区域性供热系统的建设与推广工作，这成为日本三大都市圈区域性供热系统发展的重要推手。

第二，分散化的区域性供热系统作为节能增效的有效手段能很好地解决日本战后能源需求量急剧增加的瓶颈。第二世界大战后，日本经济的快速腾飞使得工商业部门和居民部门能源消耗量快速增加。1970 年相较 1960 年的一次能源消耗量翻了 2 倍多，其中石油消耗量占一次能源消耗的 80% 以上，而且一次能源主要依赖地中海附近的中东国家，石油的贸易依存度相当高。故而 20 世纪 70 年代 OPEC 减产带来的石油危机对日本冲击严重。为了降低对中东石油进口的贸易依存度，日本政府采取了新的能源政策，主要内容包括：增加国内能源储备量，多渠道多国家进口能源，采用其他能源替代使用，提高能源利用效率。在新能源政策中，区域性供热系统被认为是提升能源效率和实验替代能源的十分重要的实施方向，许多科研项目和业务实践围绕区域性供热迅速开展开来。

第三，经济发展和人民收入水平的提高使得暖房和空调成为改善生活品质的必需设施。20 世纪六七十年代，关于区域性供热与空调的行业研究与业务实践不断铺开，暖房和空调的安装量也逐渐上升。同时居民建筑的抗震技术也有了长足的发展，高楼林立和公寓众多的城市群修建区域性供热系统显得尤为经济，区域供热的供热负荷随着不断加码。

（2）日本的供热行业发展现状

2000 年，日本已经有 138 个星罗棋布般分散开来的区域性供热系统在运行，供热区域面积达到了 3648.8 万平方米，但普及率相对较低，居民仍以空调、桌炉等分散式采暖的电采暖或灯油采暖方式为主。从地区分布上来看，区域性供热系统仍主要集中在东京、大阪、名古屋、北海道等热需要密度负荷较大的区域。其他道府县地区以电力、天然气、灯油等方式的分散式供热为主，辅之以区域供热系统（主要集中在少数中心城市和县的首府的公寓和工商业用户）（图 2.9）。

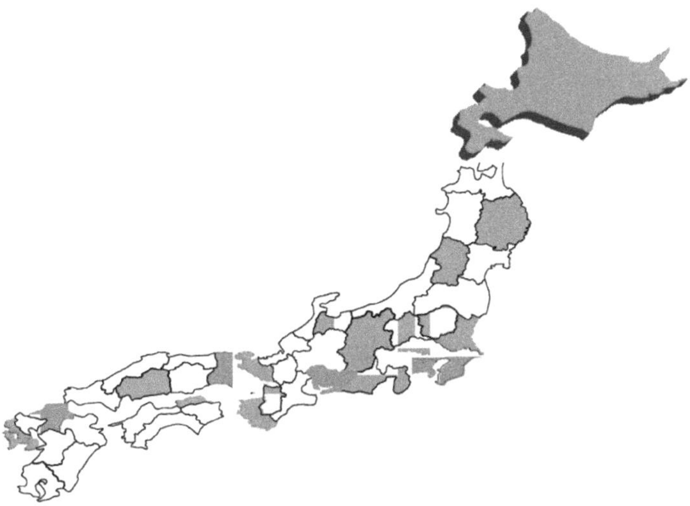

图 2.9　日本区域性供热系统覆盖范围一览图
数据来源：日本经济产业省（https://www.meti.go.jp/）

由日本热供给事业协会和经济产业省的数据可知，截至 2014 年 8 月，共有 78 家供热企业为日本 138 个城市提供供热服务，热销售量也突破 20 000 万亿焦耳。供热企业的热销售量在 2004 年达到一个顶峰，后续呈波动上升状态。从用户构成上看，供热企业热销售量 95% 主要供给工商业用户，5% 为居民部门冷暖房使用。若将使用用途分为供热、热水和冷热联供，则冷热联供占据了热量需求的绝大多数，比例高达 58%（图 2.10）。

在日本，供热企业相较电力行业和天然气行业规模较小，一般在热需要密度较高的地方才集中供给。在这些区域性供热系统中，供热企业使用的燃料主要由燃气、热电厂的余热、废弃固体垃圾余热、石油等组成。这里面，燃气的使用比例最高，约占 70%。电力产生的余热供给约占 16%，垃圾废热产生的热量约占 8%，石油占比相对较低，仅约 1%（图 2.11）。

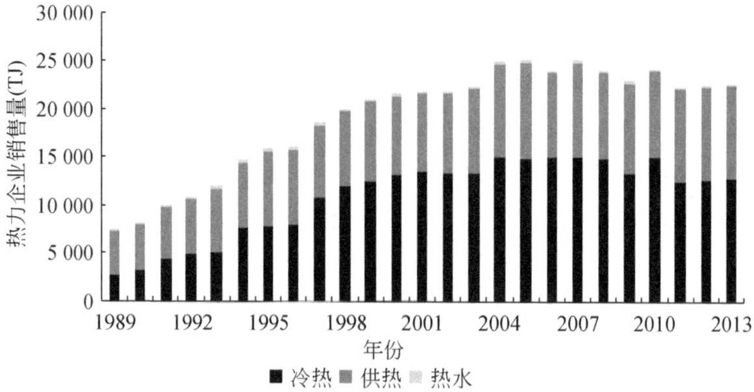

图 2.10 供热企业热力销售量

数据来源：日本经济产业省（https://www.meti.go.jp/）

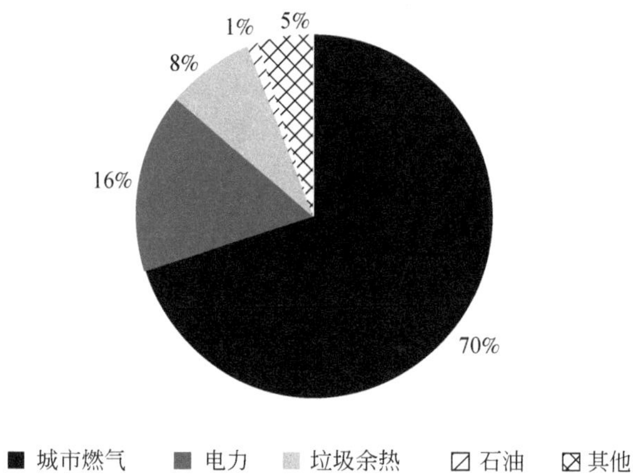

图 2.11 区域供热系统燃料构成占比

数据来源：日本经济产业省（https://www.meti.go.jp/）

通过区域供热系统的燃料构成可以看出，日本供热行业使用可再生能源的比重有了飞跃性的提高，石油等化石能源的较低占比也为日本进一步降低能源外部依存度提供了良好基础。同时，热电联产、冷热联产、城市固体垃圾的再利用等多种手段的应用不仅促进日本区域供热系统的能源利用结构和燃料构成结构不断优化，这在满足日本经济社会较高的热量需求的前提下又很好地满足了绿色环保的要求。

从供给方面看，日本区域性供热的供热企业和供热城市自 1972 年以来呈现迅速上升的态势，在 2001 年的时候，区域性供热系统覆盖的城市达到顶峰，共计 91 个，之后呈波动状态。2005 年，供热企业的数量也达到顶峰，为 154 个，此后在 154 上下波动。日本供热企业大多是民营企业，占比高达 85%。这些民营企业包括燃气公司、热电厂、不动产公司、运输公司等，他们为日本 120 多座城市提供了供热服务。剩下 15% 的区域性供热系统则由自治体出资的企业予以补充提供。

（3）日本分散化供暖的主要特点

日本的供热行业经过了多年的发展已趋于成熟，形成了具有日本特色的供热体系。其主要有特点主要有以下几点。

第一，日本冷暖房的区域供热供冷系统规模较小，且多用于办公楼等商务设施，住宅用冷暖房占比较小，近年来冷暖房比例有抬升的趋势，但居民部门取暖仍以暖桌、空调等电暖设备分散式采暖方式为主。

第二，日本区域性供热系统发展迅速，以东京为中心的东京都都市圈泛关东地区占据了全国热消耗量的一半以上。

第三，日本的采暖设备与供热系统要兼顾节能环保和抵抗自然灾害的要求，这是资源稀缺、地震灾害频发的国情所决定的。

第四，日本区域供热系统发展迅速，供给模式逐渐多元化。21 世纪的环保压力和气候变化等原因加快了日本热供给事业的产业结构升级与优化，绿色清洁的多元化供热形式在日本逐步大量推广，它可以在有效保障居民热需求的同时提升能源使用效率，实现低碳环保无公害的城市建设目标，提升城市功能性与绿色美观度。

日本的多元化供热机制主要分为以下几种形式。

第一，推广蓄热泵系统的使用。蓄热泵系统能错峰使用低电价储存大体量的热量，白天满负荷为居民部门提供热量，满足居民热需求的同时又实现节能减排的目的。

第二，回收热电联产的余热进行居民热供给。热电厂在使用煤炭或天然气发电的同时会产生大量的余热，这些余热可充分利用为区域性冷暖房系统提供热源，实现经济绿色的动态平衡。

第三、城市余热的回收利用，日本境内工厂、变电站和地铁产生的热气与热水现也已参与到热供给事业中循环利用，将废弃热量变废为宝为区域供热系统提供调峰热源。

第四，充分利用温差的热能供热。地源热泵和污水源热泵的兴起可以让不同城市依据自身的资源禀赋和气候特点，因地制宜将自然资源进行优化利用。

第五，可再生能源供热兴起。太阳能、地热能等区域性供热系统近年来也在日本也不断发展，所占比例不断上升。

第六，城市废弃物再利用进行热能转化。城市固体垃圾、生物质燃烧发电的余热可再利用为区域能源系统供热，这对节能环保和城市垃圾的管理两方面都有着莫大的好处。

2.3 我国北方供暖实践

我国城市供热目前主要分布在严寒地区和寒冷地区，主要包括："三北"地区（东北、华北、西北）13 个省（自治区、直辖市），以及山东北部、河南北部等地区。北方城市供热经过多年发展，已初步完成了从分散的小锅炉房供热，到集中供热、热电联产的转型升级，逐步形成了以热电联产为主、区域锅炉房为辅，其他热源方式为补充的供热格局，实现了集中供热的规模效应。到 2017 年，北方城市集中供热面积达 83 亿平方米，北方城镇采暖能耗约占全国建筑总能耗的 36%（李岩学等，2019）。

回顾北方城市供热发展史，北方城市普遍供热服务的发展首先是从点到面，先试点再推广。1982 年国务院批转国家机械委员会、国家能源委员会《关于加速工业锅炉更新改造节约能源报告的通知》中提出"集中供热和热电联产是改造工业锅炉取得最好节煤效果的重大措施之一，但一次性投资大，建设周期长，涉及面大，必须统筹规划，搞好试点，并列入国家计划"。1992 年建设部印发的《城市集中供热当前产业政策实施办法》提出"城市集中供热发展序列的制定，要充分考虑到城市的性质、地位、热负荷密度、气象条件、发展规模及建设条件等多方面因素，并和城市经济建设发展目标相适应，与能源建设发展相协调"。并强调城市集中供热发展的重点是直辖市、省会城市、自治区首府、计划单列市、风景旅游城市、重点环境保护城市、沿海开放城市、边境、口岸城镇。在生产供应方面，重点支持热电厂向市区供热，优先发展城市规划区内的新建住宅小区、旧城改造区、公共建筑实行集中供热，大力支持工业余热、地热就近供热。文件中列出了城市集中供热的发展序列，在五个方面给予重点支持。

第一，直辖市、省会城市、自治区首府和计划单列市、风景旅游城市、沿海开放城市、重点环境保护城市和边境口岸城镇建设发展民用集中供热工程项目。

第二，新建住宅小区、旧城区改造、公共建筑发展集中供热的工程项目。

第三，工业热负荷和民用热负荷常年稳定的地区，改由热电厂供热的工程项目。

第四，大中型企业分散供热改为热电联产向附近工厂或居民区供热的工程项目。

第五，电力、冶金、石油、化工等企业回收、利用余热，并向城市和附近居民提供余热资源的工程项目。

从早期的文件来看，北方集中供热的发展是先在一线城市开展，然后再逐步扩散到二三线城市，而且在同一城市内部，优先在新建住宅小区发展集中供热。1982 年国务院发布的《关于节约工业锅炉用煤的指令》中已经指出“今后新建工业区和住宅区，应由当地人民政府负责组织有关部门做好规划和设计，实行集中供热。否则，城建部门不准施工，燃料供应部门不供燃料”。同样的，在 1986 年国务院发布的《节约能源管理暂行条例》中也强调“凡新建采暖住宅以及公共建筑，应当统一规划，采用集中供热”。从已有文件，可以得出北方城市的供热发展路径如图 2.12 所示。

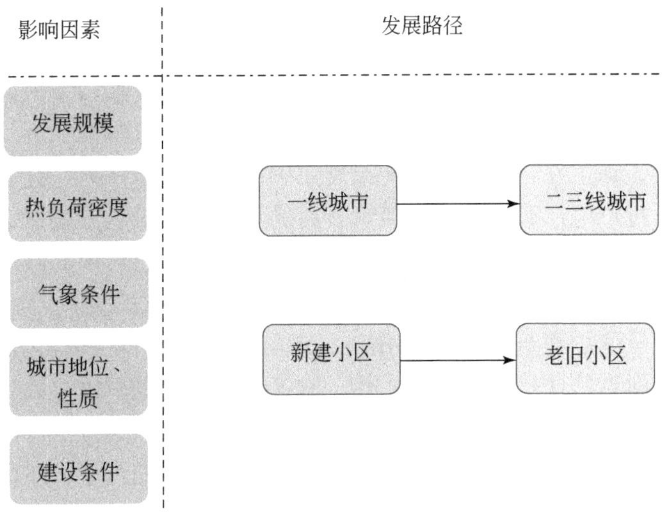

图 2.12　北方城市的供热发展路径

从发展阶段来看，集中供热普遍服务的发展经历了三个关键节点，分别是 20 世纪 50 年代工业化建设、80 年代到 90 年代改革开放以及住房体制改革，21 世纪初的供热市场化改革。在前两个阶段北方城市供热普遍服务蓬勃发展，进入 21 世纪后，为适应市场化发展，北方的集中供热开始摆脱计划经济的色彩，尝试还原热的商品属性。

第一，“一五”计划期间，集中供热随单位制出现，热电厂的修建为北方大规模集中供热奠定基础。

我国城市集中供热是在中华人民共和国成立后发展起来的，第一个五年计划期间，以超大型国有企业的建立为契机，“典型单位制”开始形成，在单位制下，

“企业办社会”特征明显，具有明显的“单位社区化”特点，在相对集中的空间内形成了一整套社会服务体系，其中就包括福利供热制度。有生产余热的工业企业通过在工业区内铺设管道向附近的职工楼供热，没有工业余热的各单位大院建造自己的锅炉房，通过烧煤自行供热，集中供热作为职工的一种福利，开始在北方各城市的企事业单位的“单位大院”出现。这一时期，刚刚起步的以分散小锅炉为主的集中供热体系并未受到政府重视，而且集中供热只是作为一种福利存在，并没有形成相应的供热市场，相应的，也没有合理的市场价格。

由于城市集中供热并未受到政府重视，因此发展非常缓慢。截至 1981 年底，“三北”地区（东北、西北、华北）86 个城市中仅有 15 个城市建立集中供热设施，供热面积 2252 万平方米，普及率仅为 4%（郑立均，1983）；据周昌熙和赵以忻（1982）对“三北”地区统计资料估算，该地区城市房屋建筑面积约为 5.8 亿平方米，其中集中供暖约占 2%，分散锅炉房供暖约占 48%，小火炉采暖约占 50%，可见城市居民基本上仍用分散的小锅炉和小煤炉采暖，集中供热在发展初期所占比例相当低。

这一时期，除了在“单位大院”出现集中供热外，“一五”计划期间，我国北方修建了一批热电厂，这为北方城市日后的热电联产供热方式奠定了基础。当时，热电厂建设主要集中于首都和省会城市，在满足工业需求的同时也会为工业区附近的居民提供生活用热。例如，北京东郊热电厂供给附近工厂用热，同时为大型公共建筑及民用建筑提供生活用热；吉林热电厂供给吉林三大化工厂的生产用热，同时为附近的居民提供生活用热；武汉市青山热电厂供给武汉钢铁联合企业的生产用热，同时为工业区居民提供生活用热。

第二，能源紧缺使集中供热成为北方城市市政建设的首选，住房体制改革为集中供热提供契机。

20 世纪 80 年代，我国社会主义工业化进程加快，能源紧缺日益严重，已经成为党中央关心的问题。党中央、国务院多次指示加快能源开发，并提出“开发和节约并重，近期把节约放在优先地位”的方针，为应对能源紧缺，集中供热作为节约能源的重要措施受到各级政府的重视。1981 年《国务院关于在国民经济调整时期加强环境保护工作的决定》中明确指出：“在城市规划和建设中，要积极推广集中供热和联片供热”“特别是新建的工业区、住宅区和卫星城镇，今后不要再搞那种一个单位一个锅炉房的分散落后的供热方式”。这一方针政策有力地促进了我国北方城市集中供热从大城市向二三线城市，从工业中心向居民区扩散。

尤其是 1986 年国务院 22 号文转发了建设部、国家计划委员会发布的《关于加强城市集中供热管理工作的报告》，明确了发展城市集中供热的方针，要因地制宜，广开热源，并且力求技术先进、经济合理，充分肯定了发展城市集中供热是节约能源、减少环境污染的有效途径。并且明确指出："城市集中供热的建设资金，可采取多种渠道解决，一是地方自筹；二是向受益单位集资；三是从城市维护建设税中拿出部分资金补助城市热网建设；四是国家给予部分节能投资"，"国家可采取无息、低息、贴息、延长贷款偿还期限等优惠政策，扶持城市集中供热的发展"。在国务院文件的推动下，北方城市集中供热在政策、资金等方面得到大力支持，在电力部门的大力配合和支持下，热电联产的集中供热方式不断发展壮大，1986 年供热面积增长率出现峰值，达到 261.3%（图 2.13）。

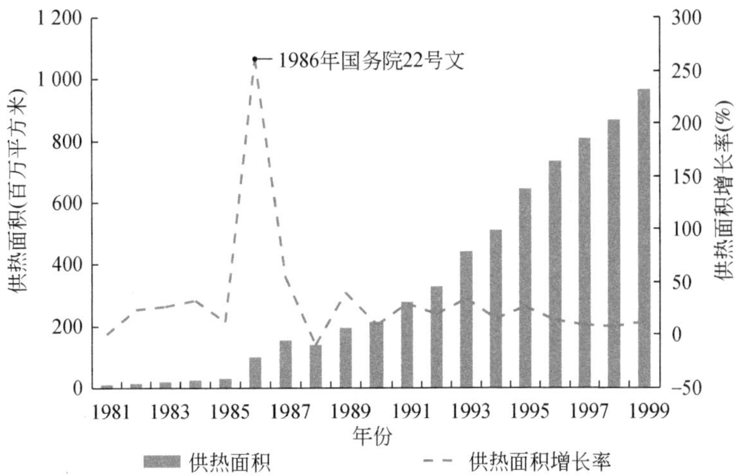

图 2.13　集中供热面积发展情况（1981 ～ 1999 年）

数据来源：1982 ～ 2000 年《中国城乡建设统计年鉴》

1992 年建设部发布的《城市集中供热当前产业政策实施办法》将城市集中供热发展规划列入城市总体规划，并纳入国民经济和社会发展计划、国家节能建设计划，以及固定资产投资计划，纳入国家和地方的统计序列。进一步强调城市集中供热是城市基础设施之一，在基础建设方面，要重点支持热电联产及配套的城市管网设施项目。1995 年《建设部国家计委关于加强城市供热规划管理工作的通知》中，再次明确了热力网的建设工作。热力网管建设开始进入快速发展阶段，1996 年管道铺设长度增长率达到 261.3%（图 2.14）。

进入 90 年代中后期，建筑业率先进入市场经济，开始出现商品房，许多"单位大院"里 50 年代修建的住宅楼已经成为危房，不能满足居住要求，一些具有一定经济实力的职工开始不满足于单位居住条件，纷纷通过购买商品房，告别"单位大院"。在此背景下，国务院出台《关于进一步深化城镇住房制度改革加快住房建设的通知》，以此为标志，福利分房制度走向终结，大面积的老旧危楼、单

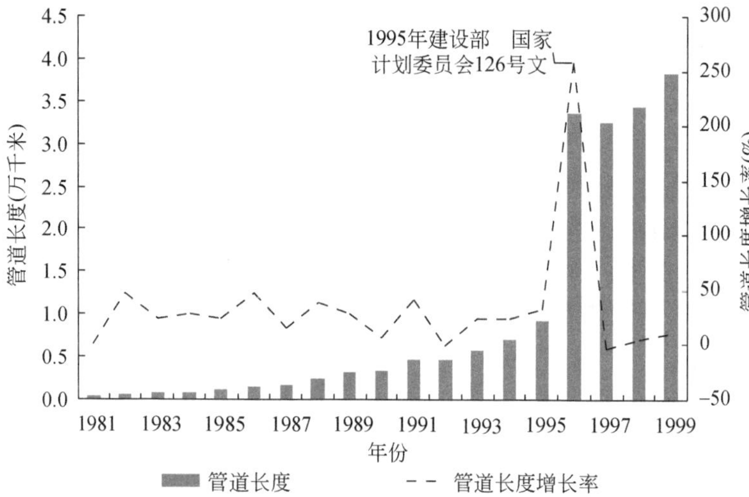

图 2.14　集中供热管道长度发展情况（1981 ～ 1999 年）

数据来源：1982 ～ 2000 年《中国城乡建设统计年鉴》

位大院拆迁改建，促进了北方城市集中供热的发展。在政府的监督指导下，原来没有集中供热设施的区域，在改建或新建的过程中，全部统一规划，铺设管网等基础设施，实行集中供热。90 年代中后期大面积的新建住宅小区、旧城区改造为北方集中供热规划，形成完善的集中供热管网设施提供了契机。

在国务院、建设部一系列文件精神的指导下，借助改革开放的巨大动力，以大规模新建商品房和老旧危楼改建为契机，城市热电联产集中供热迅速发展起来。80 年代初到 90 年代末，城市供热面积从 1167 万平方米增长到 9.7 亿平方米，年均复合增长率达到 27.82%；热力网管道长度从 359 千米增长到 3.8 万千米，年均复合增长率达到 29%。

第三，供热市场化改革试图还原“热”的商品属性。

集中供热刚发展的初期，由工厂提供，职工享受，逐渐形成了职工家庭用热，单位交费的福利供热制度。90 年代住房体制改革后，商品房的出现加速“单位大院”的消解，“单位人”以业主的身份进入新型的商品房住宅小区，供热费作为物业费的一部分，开始按居住面积收取。尽管供热开始收费，但是这种收费制度并没有把“热”作为一种商品，而是附属于供热服务，只要业主交够一定的供热费，就可以享受供热服务，而不用在意到底消费了多少“热”。随着市场经济体制改革的逐步深入，这种带有计划经济色彩的“福利热”日渐不能适应社会转型发展。一方面，供热企业建设资金短缺，经营状况堪忧、供热费用难以收回；另一方面，供热质量在福利观念和政企不分之下引发了大量社会矛盾。在这种形势下，集中供热市场化改革陆续拉开帷幕。2003 年建设部联合国家发展和改革委员会、财政部等八部委出台《关于城镇供热体制改革试点工作的指导意见》，明确了供热体制改革的指导思想、 基本原则和工作重点，2005 年八部委再一次出台《关于进一步推进城镇供热体制改革的意见》，此后配合一系列政策文件，供热体制改革全面展开。这期间，关键性的政策文件如表 2.1 所示。

表 2.1　供热市场化改革期间关键性政策文件

阶段	时间	文件	作用（意义）	发文机构
明确了计量热改的指导思想、基本原则和工作重点	2002 年	《关于加快市政公用行业市场化进程的意见》	一、开放市政公用行业市场，鼓励社会资本参与其中；二、允许跨地区、跨行业参与市政公用企业经营；三、建立市政公用行业特许经营制度	建设部
	2003 年	《关于城镇供热体制改革试点工作的指导意见》	一、推进城镇用热商品化，停止福利供热；二、变“暗补”为“明补”；三、逐步实行按用热量计量收费制度，并推进住宅节能改造和供热采暖设施改造；四、确立集中供热是我国城镇供热的主要方式；五、实行城镇供热特许经营制度	建设部、国家发展和改革委员会、财政部、人事部、民政部、劳动和社会保障部、国家税务总局、国家环境保护总局
	2004 年	《市政公用事业特许经营管理办法》	明确供热行业施行特许经营制度	建设部
推动计量热改工作全面展开	2005 年	《关于进一步推进城镇供热体制改革的意见》	推动城市供热体制在我国北方采暖地区全面展开	建设部、国家发展和改革委员会、财政部、人事部、民政部、劳动和社会保障部、国家税务总局、国家环境保护总局
	2006 年	《关于推进供热计量的实施意见》	对供热计量改革的目标、任务、内容、措施等都做了明确的要求	建设部
	2007 年	《城市供热价格管理暂行办法》	明确指出供热价格管理的具体细则，明确规定供热计量收费施行固定费用和热量法两部制，为供热计量收费提供了依据	国家发展和改革委员会、建设部
	2008～2009 年	《北方采暖地区既有居住建筑供热计量及节能改造技术导则》《民用建筑供热计量管理办法》《供热计量技术导则》《北方采暖地区既有居住建筑供热计量及节能改造项目验收办法》《供热计量技术规程》	推进供热计量改革工作健康、有序发展	住房和城乡建设部
计量热改进入新阶段	2010 年	《关于进一步推进供热计量改革工作的意见》	首次引用国家三部法律法规和国务院规范性文件，对两部制热价进行调整，明确突出地方政府的主导作用，强调供热单位是实施计量热改的主体，并将计量热改作为政府绩效考核的重要指标，明确工作任务的细节及工作时间安排	住房和城乡建设部、国家发展和改革委员会、财政部、国家质量监督检验检疫总局

供热市场化改革从2003年开始，已经推行十几年了，但是由于“热”的特殊物理属性，看不见摸不着，扩散性强，不能像水电那样方便计量，实现分户计量要求居民支付不小的费用，导致热计量十几年来仍未普及。北方供热的市场化改革虽然阻力大、进度慢，成效并不显著，但是却体现了决策者对“热”商品化的认可，这对后续发展南方供热市场具有很强的指导意义。

供热体制改革期间，大型区域锅炉房集中供热方式进入快速发展阶段，成为热电联产供热方式的有力补充，进一步改变了我国原来分散小锅炉房落后的供热方式。2000～2017年，集中供热面积、管道长度发展情况如图2.15和图2.16所示。城市供热面积从12亿平方米增长到83亿平方米，年均复合增长率达到12.58%；热力网管道长度从4.4万千米增长到28万千米，年均复合增长率达到11.45%。

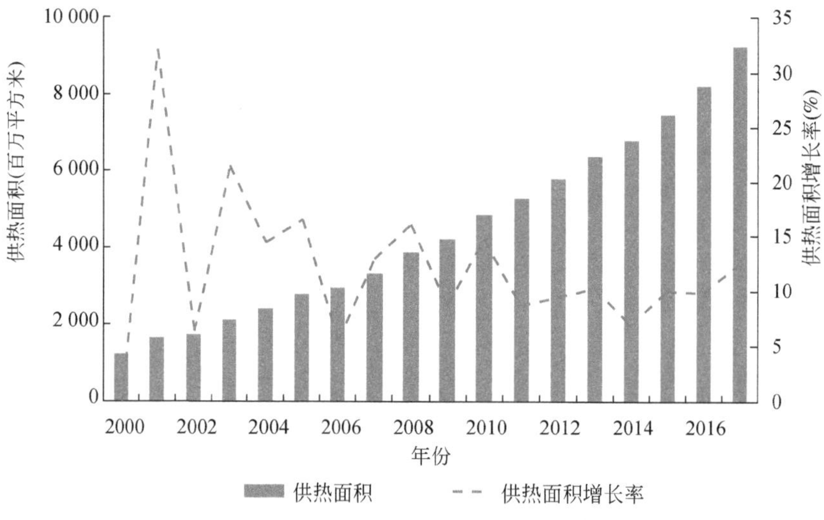

图2.15　集中供热面积发展情况（2000～2017年）

数据来源：2000～2017年《中国城乡建设统计年鉴》

北方集中供热的发展是特定的历史背景促使的。北方集中供热出现于计划经济时代的“单位大院”，“一五”计划热电厂的修建为日后热电联产供热方式的发展提供了热源基础；80年代到90年代计划经济向市场经济转轨期间，能源紧缺为北方集中供热提供了政策支持，大规模的基建投入，尤其是大规模的新建商品房小区、翻新改造老旧小区，为北方地区形成发达的集中供热管网基础设施提供了建设条件。21世纪初的市场化改革使得大众认知彻底摆脱计划经济的影响，“热”开始作为一种商品为大家所接受（图2.17）。

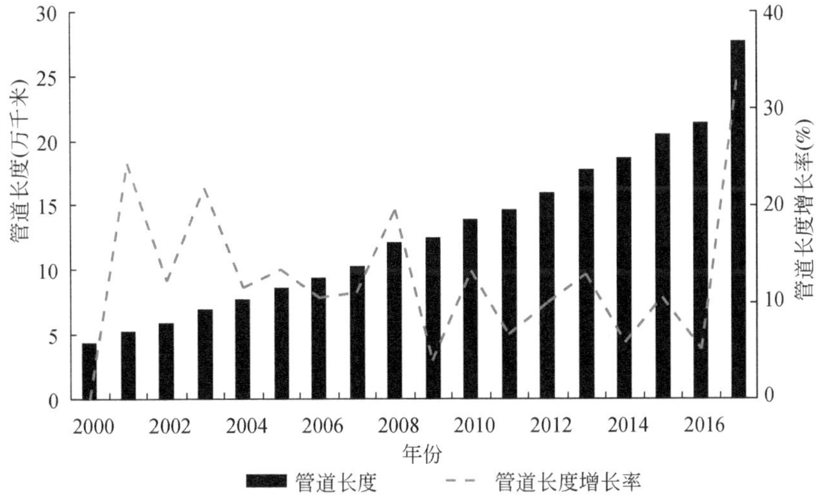

图 2.16　集中供热管道长度发展情况（2000 ～ 2017 年）

数据来源：2000 ～ 2017 年《中国城乡建设统计年鉴》

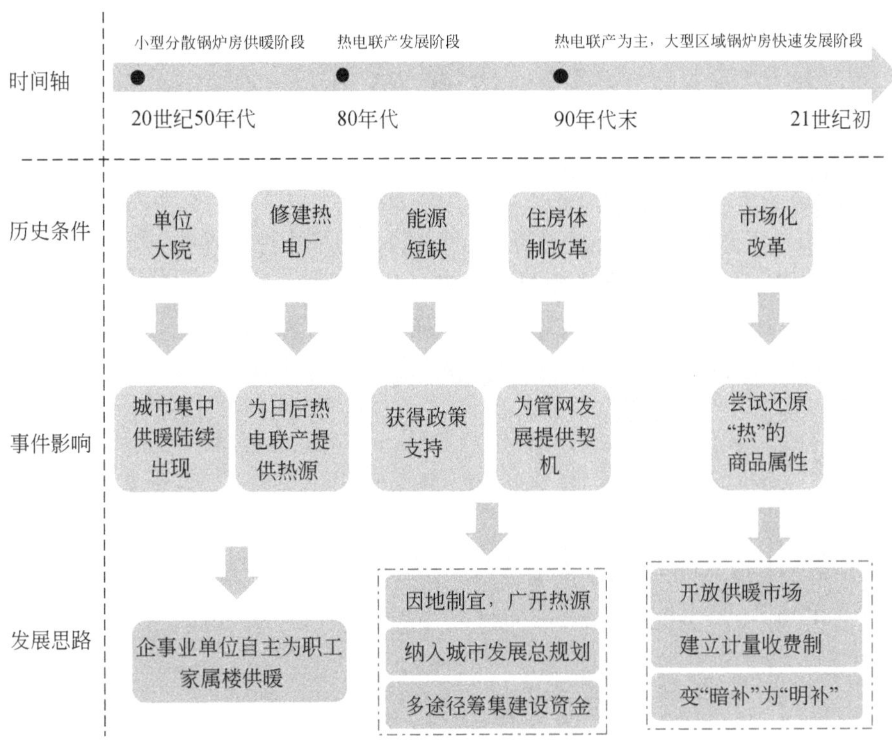

图 2.17　北方集中供热发展历程（2000 ～ 2017 年）

第 3 章　南方典型城市供暖模式

通过上一章的分析我们发现，由于“热”这种商品具有特殊属性，因此需要政府的适当介入才能在权衡效率与公平的基础上进行合理的配置。相较于其他国家和我国北方地区的供暖实践，在我国南方地区，不同城市的供暖模式往往因为资源、环境等条件的不同而各具特色。因此，本章调查了已经先行尝试供暖的典型城市，对已有的南方供暖模式进行总结，为接下来南方城市应该采取怎样的供暖模式提供参考。

3.1　合肥模式

3.1.1　供暖需求与禀赋

合肥市是安徽省省会，位于长江淮河之间，地处中纬度地带，也处于我国的夏热冬冷地带，属亚热带季风性湿润气候。冬季平均气温为 4.0℃，其中 1 月天气最为寒冷，月平均气温仅 3.0℃，低于供暖的最低温度要求，且空气湿度较大（图 3.1）。2007 ～ 2017 年合肥市冬季居民体感温度仅为 –2.3℃（唐静等，2018），

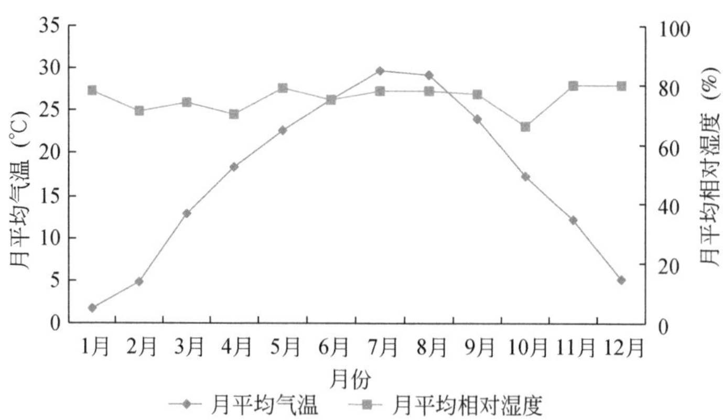

图 3.1　合肥市 2018 年月平均温度与相对湿度

数据来源：《中国统计年鉴（2019）》

冬季的寒冷已一定程度上影响到居民的生活水平。

从需求角度来看，过去居民生活以满足温饱为主要追求，对供暖的需求还不强烈。近年来，在长三角经济带的辐射影响下，合肥市经济发展水平较高，城镇居民人均可支配性收入从 2002 年的 7146 元上升至 2018 年的 41 484 元（图 3.2）。收入的快速增长推动居民消费水平稳步提升，居民对与生活质量密切相关的供暖服务的需求也逐渐提高。

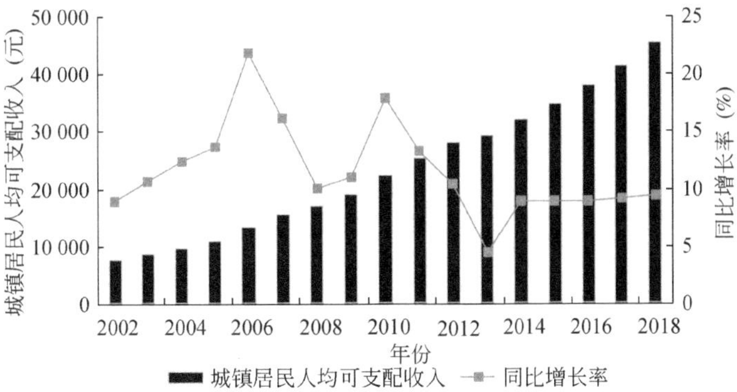

图 3.2　合肥市城镇居民人均可支配收入

数据来源：Wind 宏观经济数据库

与此同时，合肥市商品房价格也逐渐增长，从 2002 年的 1618 元上升至 2018 年的 13 069 元（图 3.3）。而对于一个统管小区来说，一个 120 平方米的房子供暖季消费支出约为 2000 元，自管小区约为 2700 元①。这部分消费支出相对于居民收入和房价水平来说并不算高，不会构成较大的经济压力，因此越来越多的家庭有能力并且愿意承担供暖的生活支出。在此背景下，合肥市政府于 2011 年完成全市热电企业的重组工作，将供暖项目作为城市市政工程进行推广。

从供给角度来看，合肥市供暖项目的开展是具备一定条件的。首先，合肥市初始能源丰富，区域内煤炭资源可以满足供暖需求。合肥市所在的安徽省是华东地区煤炭资源最丰富的省份，煤炭保有量居全国第 8 位，产能集中在两淮地区。淮南、淮北矿业与合肥市供暖企业通过签订长协合同，以保障供暖所需的清洁煤炭的供应。其次，从热源来看，合肥市“工业立市”的战略推动了热供应系统的建设。目前，合肥市已经搭建了“3+2”的稳定供热格局。合肥热电集团以三大自有热源为主体，以皖能合肥发电有限公司、合肥联合发电有限

① http://ah.anhuinews.com/system/2015/11/27/007103504.shtml。

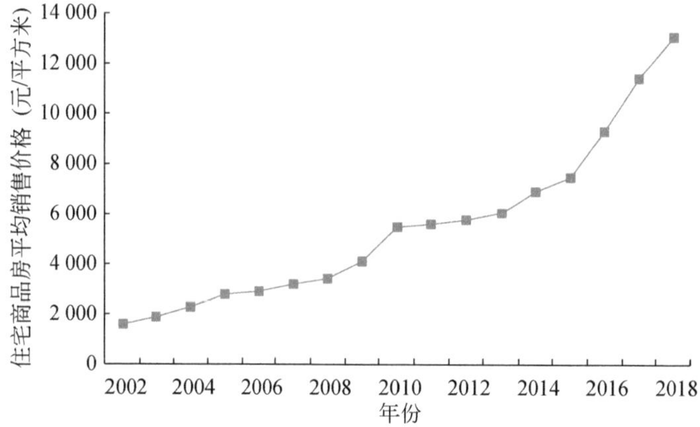

图 3.3　合肥市住宅商品房平均销售价格（2002 ～ 2018 年）

数据来源：2003 ～ 2019 年《中国房地产统计年鉴》

公司为合作外部热源，可以为全市近 12 万户居民提供热服务。再次，从管网建设来看，合肥市现有供热管网长度 534 千米，并且旧城区的管网改造、新城区的管网扩建工作仍在不断地进行中。城市管网系统的优化、管网线路的扩建可以保障更多用户享受到安全稳定的热服务。最后，与许多城市不同的是，合肥市热电集团是合肥四大公共事业企业之一，企业规模大。目前，合肥的火电热电联产可提供 2500 万平方米的供热面积。新成立的科恩新能源公司基于地源热泵、污水源热泵等新技术建立新能源区域供暖系统，新建的 3 个地源热泵能源站可提供 160 万平方米的供热面积。未来，合肥热电还将借助更节能、高效的科学技术发掘新的供暖模式，扩大供暖规模。

总之，居民需求的日益增长，让政府意识到供暖纳入市政工程的必要性。而合肥市现有的充足的煤炭资源、稳定的供热格局、逐渐优化的基础设施建设等社会资源为城市供暖项目的发展创造了可能。

3.1.2　供暖模式的形成

20 世纪 70 年代，为争取中国科学技术大学落户合肥，合肥市各项资源向中国科学技术大学倾斜，以保证师生生活水平，为此全市第一条供暖专线建成。随后，合肥市居民逐渐意识到住宅供暖的舒适性，居住在蜀山区、庐阳区等城中心的一些政府部门、事业单位、热电生产部门的家属区通过自建锅炉的形式实现分布式供暖。到了 80 年代，计划经济向市场经济转型之初，合肥市供热市场上已有几家热电企业。但由于缺乏历史经验，供暖系统没有进行合理的规划。从需求侧来看，尽管城区用户需求逐渐增多，但用户分布较为零散，且没有集中的民用热源供应站，各机关单位和住宅区只能通过自建锅炉房以满足需求。这些分散的锅炉房存在着管理难、小型锅炉多、能耗大、除尘效率低等缺点，供煤、出渣、灰尘给城市中心区带来了严重的环境污染和交通拥堵。从供给侧来看，建成初期，各企业之间经营较为分散，处于一种无序的状态，资源难以共享、建设投资重复，企业长期处于亏损状态。供暖企业发展受挫，让合肥市政府意识到市场的力量还远远不够，需要政府建立起统一管理的民用供热模式。随即，2002 年合肥市政府颁布了《合肥市城市集中供热管理办法》，办法中明确指出集中供热实行统一规划、统一管理，市人民政府国有资产委员会（简称合肥市国资委）是合肥市集中供热的行政主管部门。

如果建立的每一个供热站规模太小，势必造成资源浪费，合肥市选择走规模经济的道路，让一些大型的、实力较强的国有热力公司通过接收、改造、租赁托管等形式，扩大生产规模和市场占有率，从而使单位固定成本下降。2007 年 11 月，在合肥市国资委的批准下，合肥市从事热电联产的三家热电企业——合肥市热力公司、合肥众诚热电有限公司、安徽安能热电股份有限公司进行了整合，组建成全市公共事业企业——合肥热电集团有限公司。考虑到供暖企业的专业化发展，2011 年在政府的推动下，负责国道以南地区供暖的金源热电企业进行股权转让，全市供暖服务集中到合肥热电集团，并统一纳入全市热电规划中。从此，合肥市走上了市政集中供暖之路。

合肥市之所以将供暖上升到市政模式，不仅与该市供暖事业的历史原因（市场因素）有关，还取决于供暖在城市发展中的地位。

作为科技之城，合肥市政府主张引进更多的优秀人才服务城市高质量的发展，而“温暖”带来的居民生活质量的提高无疑成为提升本地竞争力的一个重要方式。此外，供暖管道的整体规划与布局不仅关系到供暖的质量，还影响到城市基建水平和城市的安全，因此合肥市政府将居民供暖列为公共事业的范畴，并希望供暖系统不断成熟、供暖规模逐渐扩大、供暖服务覆盖千家万户。据估计，到 2020 年合肥市供暖面积达 3.7 亿平方米，供热普及率达到 60.3%。在未来，供暖普及率还将不断上升，并且供暖将覆盖到城市周边地区。

城市供暖还关系到城市能源战略的规划，因此合肥市政府对全市供暖项目的开展非常关注。安徽省和合肥市的供热计划和清洁用能条例由来已久。《安徽省节约能源条例》自 2006 年以来经过多次修订，对各城市的用热规划和节能目标有着非常详细的规定。合肥市政府也自 2007 年开始加紧对热电企业用能的监督，设置节能目标责任评价考核，推进区域热电联产工程。2012 年，合肥市质量技术监督局、合肥市城乡建设委员会印发《合肥市集中供热系统计量管理暂行规定》，通过“热计量”方式，居民需多少热，用多少热；用多少热，付多少钱，这样不仅可以实现用热自主和节约用暖，还有助于城市能源资源的合理配置。2015 年，国内首家复合型能源利用项目——滨湖核心区区域集中供热供冷项启动，该项目充分利用以地源热泵为主的污水源热泵、天然气分布式能源等，使得该项目能耗中，可再生能源占 50% 以上，其他清洁能源占 40%，开拓了合肥区域供暖系统的节能降耗潜力和可持续发展前景，解决了传统能源的高耗能、高污染问题。在此之后，合肥市启动“国际化”城市中长期规划，将城市供热纳入中长期发展目标中，积极鼓励城市推进新能源项目建设，加快推进燃气、热电等服务管网项目建设。总之，转变能源结构、发展清洁可再生能源是我国能源战略的重要前进方向，也是合肥市供暖项目发展的重要目标。

纵观合肥市供暖发展的历程，考虑供暖对城市发展的重要性，市政集中供暖模式的形成脉络更加清晰。在该模式形成过程中，政府部门一直发挥着统筹作用，这体现在：第一，合肥市国资委整合国有热电联产资源，组建合肥热电集团有限公司，实现全市供热联网。组建后，城市供热管网扩建工程、改造工程等均需要向有关部门报备并得到批复才可进行。第二，合肥市相关部门统筹供暖市场价格。相关部门不仅推出两种收费方式（即按面积和按流量收费），还通过《合肥市物价局关于安徽金源热电有限公司临时供热价格的批复》《集中供热价格方案公布》《关于调整理顺城市居民供热价格的通知》等及时更新供热价格。第三，合肥市城乡建设委员切实督促公用事业保障供应工作，要求合肥热电企业完善突发事件应急能力，并及时将保障供应的准备工作以及自查中发现的问题和整改情况详细报送政府相关部门。合肥市政集中供暖模式呈现出以下特征：

第一，政府介入程度高，全市供热管网统一联网，供暖规划清晰。根据建筑物年龄，合肥热电将业务分为两块。对于 2011 年以前建设的老旧住宅区，合肥热电对其热力管网进行改造、延伸；对于整合后新建的小区，合肥热电将供暖规划纳入小区建设规划中，新建小区统一安装热力管网。这也是合肥热电取暖用户开通率高的原因之一。

第二，整合热电企业，减少交易成本，实现上中游一体化。针对市政集中供暖的住宅区（由合肥热电统管），集团不仅负责热力的生产，还为居民用户输送热源，有效减少中间协调环节和沟通成本，提高了供暖效率。但对于那些由热电厂供热、物业间接代管的自主供暖的住宅区（小区自管），则由小区向合肥市热电企业采购蒸汽、天然气、地热及区域锅炉等热源，再为用户提供热服务，每一期的供暖费用可由供热服务单位或业主委员会双方自主协商确定。

近几年，合肥热电集团也逐渐承担起自管小区老旧管网的修建工作，成为城市热网维护的主要责任人。

第三，市政集中供暖模式下，热电企业为不同热用户提供服务，形成了用户端之间的互补。不同热用户的结合可以缓解企业生产经营中存在的风险，有利于合肥热电企业的持续、稳定运营。例如在居民用户端，由于补贴政策的缺失，受价格倒挂或是季节的影响，企业往往面临部分亏损，但这部分亏损可以在工商业部门中得到弥补，形成了价格的交叉互补。在工商业用户和居民用户之间，企业还形成白天优先工商业、晚上优先居民的避峰供给模式，促进了供暖系统热负荷的平衡。此外，合肥工业立市的战略促进了热供给和热需求的发展，一方面进驻的工业企业对热形成需求，这就会推动城市热供应系统的健全；而另一方面大型工业企业可以将蓬勃发展的热电联产和丰富的工业余热直供居民部门取暖，实现了不同热用户之间能源有效利用，还使得区域供热系统总负荷的季节性落差控制在合理区间内。

3.1.3　供暖模式的评价

合肥市由市政企业为全市供暖，行业规模效应凸显。热电企业整合后，迄今为止，合肥市热电企业蒸汽供应量为 465.79 万吨，年发电量为 5.53 亿千瓦时，服务工商业 403 家，居民小区 199 个，居民近 12 万户，供热面积达 2500 万平方米。市政供热管网长达 534 千米，供热范围覆盖合肥市主城区、经开区、滨湖新区等，并积极向周边县域延伸。热电联产可将发电厂的能源综合利用效率从 40% 提高到 75%，发电标准煤耗降低 30 ～ 50 克 / 千瓦时，行业的规模效应日益凸显。

合肥市政府重组热电企业，将供暖纳入市政工程，由政府统一规划，全市居民的供暖普及率高。与其他南方城市不同的是，合肥市新建小区的供暖管道统一纳入小区建设规划中，而对于旧小区的供暖管道的升级也在逐步规划中。据了解，自 2016 年起，合肥热电每年投入 1000 万元用于自管小区热管网的修建工作。因此，在市政模式的推动下，城市居民的取暖开通率得到提高。

作为市政工程，为保证居民基本的供暖需求，政府尽可能整合社会资源，协调各方利益，降低各环节沟通成本，提高供暖效率。虽然合肥市本身并不是煤炭资源丰富的城市，但距离合肥市不远的淮南市、淮北市，其煤矿经济占到了总体经济的一半。合肥热电集团分别与淮南、淮北、皖北等矿业集团达成冬供煤炭保障协议，即便在煤炭市场不稳定的情况下，也可以确保煤炭的优质供应。此外，在面临煤炭价格上涨，供暖价格倒挂时，市政工程始终重点关注民生的保障，积极克服资金困难。例如，2011 年在合肥市政府的帮助下，合肥热电多方筹措资金4000万，储煤5万吨，确保各热电厂20天的“口粮”。在冬季高峰供热期，合肥热电企业的上中下游一体化的运营模式，可以减少中间的协调成本，保证生产线的沟通顺畅与平稳运行。

但是，即便政府推动供暖事业的发展，用户规模持续扩大，合肥供暖模式依旧存在瓶颈。生产经营成本高是企业面临的一大重要挑战。合肥市地处淮河以南，不属于我国强制供暖区域，相应的也就无法享受在集中供暖方面的各项优惠政策，如税收优惠、居民供暖补贴等。其结果是热电企业经营十分困难。如2018年，合肥热电在煤炭价格上升时承担过高的成本压力，资产负债率过高、环保压力不断加大。在这样的情况下，全市采暖需求能否满足面临着极大的挑战。另一方面，惠民政策的缺失很难推动全市供热行业的发展。纵然肥东等地已经开启了县城集中供暖的工作，但是对于经济发展更为落后的其他区域来说，供暖的普及将面临阻碍。

传统能源供应不可持续是合肥市供暖的另一个大问题。随着国家能源战略的调整，燃煤供热越来越不符合国家的用能定位。安徽省近几年也在不断减小煤炭生产规模，那么合肥市在煤炭供应及燃煤供热上会出现一定的阻碍。

3.2 贵阳模式

3.2.1 供暖需求与禀赋

贵阳市地处“秦岭—淮河”供暖线以南，一直没有实行大范围的集中供暖。然而从气候条件上看，由于空气湿度大，冬季气温较低，贵阳冬季呈现阴冷的特点。由图3.4可以看出，贵阳2018年冬季气温处于10℃以下，且空气相对湿度稳定地高于80%，这使得贵阳的体感温度更低。和北方城市相比，贵阳市同样有较长一段时间温度低于5℃，因此居民冬季供暖的呼声较高。

从需求侧看，贵阳市逐年攀升的收入水平提高了居民的购买力。由图3.5可以看出，贵阳市的城镇居民人均可支配收入由2004年的8989元上升到2019年的35115元，增长近4倍，这无疑为贵阳市居民享受高质量的供暖服务奠定了良好的基础。

贵阳市的房价自2004年以来一直处于攀升阶段。到2018年时，贵阳市商品房的均价已接近9000元/平方米（图3.6）。相对日渐上涨的收入和房价，贵阳的取暖费用对大多数居民来说并不算高，以100平方米的房屋为例，贵阳冬季的取暖费用在1000～2000元。贵阳的供暖支出相较于城镇居民人均可支配收入和商品房房价来说，并不会给居民生活带来过大的负担。

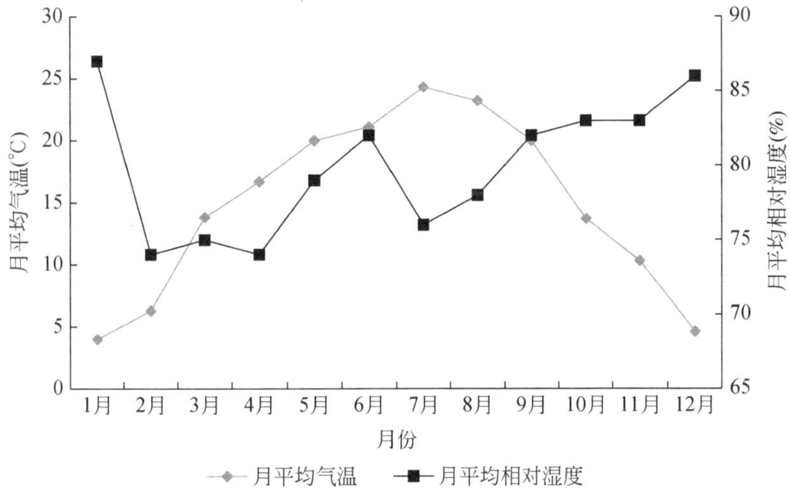

图 3.4　2018 年贵阳市气温和湿度状况

数据来源：《中国统计年鉴（2019）》

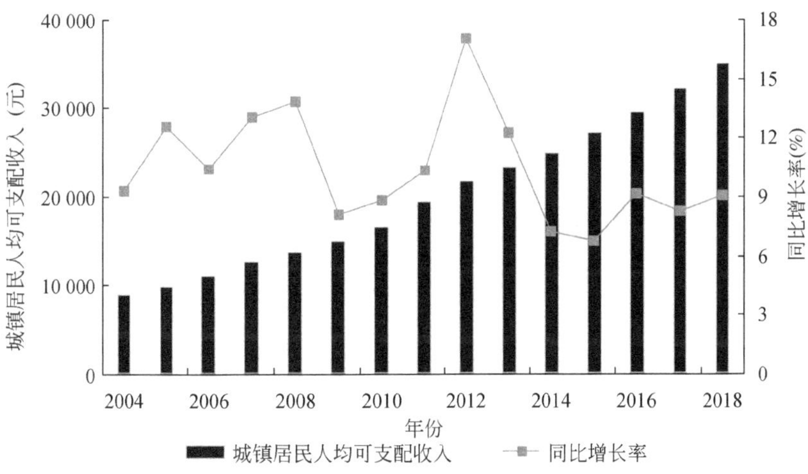

图 3.5　2004 ～ 2018 年贵阳市城镇居民人均可支配收入

数据来源：Wind 宏观经济数据库

从供给侧看，贵阳市第二产业发达，具备相当规模的钢铁、有色、化工等原材料工业，煤炭化工行业和电力行业是产电产热大户，能供给丰富的热电资源和工业余热。2012 年贵阳的电力行业资产规模就已经达到 5901 万元，企业具备一定的资产规模可以为城市居民供暖提供一定的基础条件。

贵阳市具有丰富的水资源和煤炭资源，这都可以作为城市供暖的初始资源。由于地形原因，贵州省河流的山区性特征明显，河流中下游水流湍急，水力资

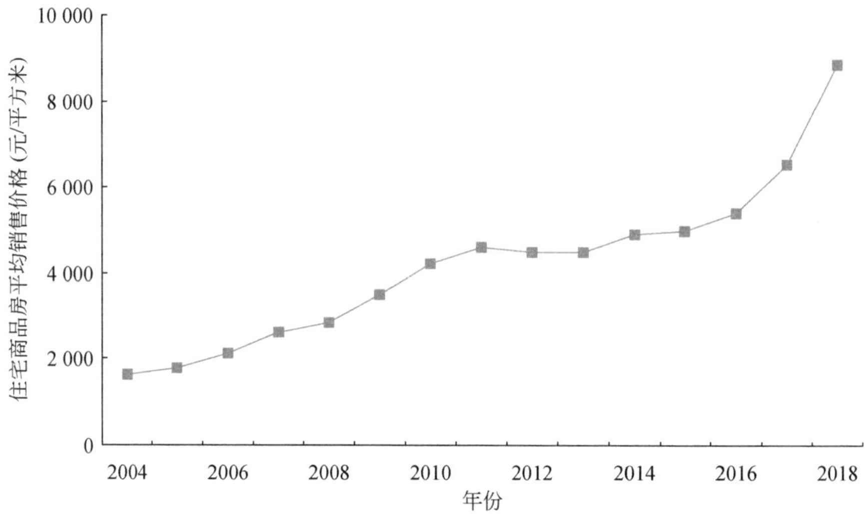

图 3.6　贵阳市住宅商品房平均销售价格

数据来源：2005 ～ 2019 年《中国房地产统计年鉴》

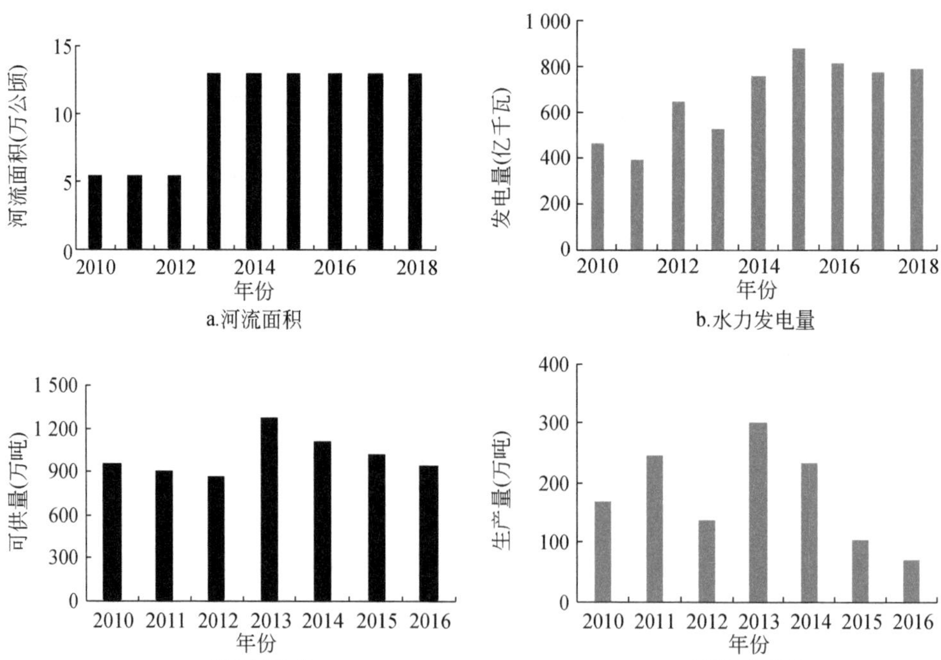

图 3.7　贵州省河流面积、水力发电量及贵阳市煤炭供给情况

数据来源：2011 ～ 2019 年《中国统计年鉴》

源丰富，水能资源蕴藏量为 1874.5 万千瓦，居全中国第六位，其中可开发量达 1683.3 万千瓦，约占全国总量的 4.4%。图 3.7 可以看出，贵州省河流面积与水力发电可以为贵阳的居民供热发展提供基础，为修建清洁高效、成本低廉的水源热泵等新能源供热模式创造条件。从煤炭资源来看，贵阳市已有煤炭储量 9 亿吨，“一市三县”及 3 个郊区均有分布，煤炭供应量已多年超过 1000 万吨。

此外，截至 2017 年，贵阳的城市天然气供气管道长度已达到 12 717 千米。城市管网的建设对保障热力供应以及提升供热能力有不可忽视的作用。

总体上看，居民物质生活的改善带动了取暖的需求，而贵阳市丰富的水力资源和煤炭资源为生产热源提供条件，城市工商业的发展所形成的热源站也可以为居民带来热供给。

3.2.2　供暖模式的形成

热力的生产与用能会对能源系统造成巨大影响，需要政府做好能源规划，全盘考虑一次能源利用和二次能源的使用。因此，早在 2003 年贵州省政府便颁发了《贵州省节约能源条例》。该条例对企业供热服务的用能方式做出规定，并鼓励工业部门通过热电联产的方式获取热服务，提倡用集中式的热电联产来节能减耗，提高热效能。贵州省政府还倡导优先安排可再生能源、以资源综合利用的方式促进热电联产，鼓励能源系统优化、余热余压利用等节能工程的实施，这也为贵阳多能互补的区域供暖模式的形成奠定了基础。

2012 年，贵州省政府出台《贵州省人民政府办公厅关于推进热电联产加快发展的意见》（以下简称《意见》）规定整体供热政策。该文件颁布的主要目的在于提升能源使用效率、整合分散化的锅炉房和火电厂，通过发挥大型热电联产来达到节能降耗要求、增加电力和热力供应、带动区域经济发展。《意见》中指出，贵州省内的城市发展规划与产业园区规划要因地制宜，利用省内的资源优势积极发展城市热水供应和集中制冷，鼓励冷热电三联供的推行，提高热负荷需求，有步骤地在工业部门实行集中供热。同时，《意见》中还强调为了实现节能减排目标，贵州省政府出台了一系列政策支持热电联产和清洁供热的发展。第一，加快推进煤电一体化，让符合条件的热电联产项目尽快地适当配置煤炭资源，鼓励通过企业兼并、联合等方式逐渐实现煤热电一体化，支持热电厂向经济开发区集中供热，降低热损耗，以高质量满足热负荷需求，降低热电厂成本。第二，坚持政府对热力价格的合理制定和监管把控，由价格主管部门统一核定供热定价成本、成本利润率或资产收益率，稳定煤炭价格和与之联动的用热价格。

虽然，《意见》指出要通过发展热电联产满足冬季的用暖需求，但主要是针对工商业部门提出的，文件中并未对居民部门的供暖进行规划，难以满足居民部门的供暖发展需求。贵阳市出现了居民端取暖的无序发展，民用供热管道、供热设备的重复建设以及政企沟通难等问题。在此背景下，2015 年贵州省和贵阳市政府颁布《贵阳市城市区域性集中供热用热管理办法》（以下简称《办法》），该管理办法对居民端供热用热行为进行规范，试图建设区域性集中供热系统以提升供热效率、减少交易成本。随后，贵阳市政府分别在 2018 年和 2019 年对管理办法进行两次修改，修订文件中明确要求贵阳市的集中供热应遵循区域集中、新区先行、热源多元、市场运作、规范管理、逐步推进的原则。贵阳市区域供热重点发展 20 万平方米以上大型住宅小区，逐步发展其他住宅小区。《办法》还要求供热规划应合理配置热源、热网，优先利用浅层地热能、清洁能源、可再生能源等节能环保的供热技术，鼓励采用冷热电三联供的分布式能源方式。总之，该办法的出台为贵阳市居民部门用热供热政策指明方向。

伴随着《贵阳市城市区域性集中供热用热管理办法》的出台，贵阳供暖事业的规划范围和推进路线逐渐清晰，此时需要有力的执行者来落实规划。中节能建筑节能有限公司（以下简称中节能）作为一家央企，是该清洁供暖路线的重要参与者。近年来，该企业在贵州开展建筑节能、清洁供暖事业，落实贵阳的热电联产、居民供暖等区域发展战略。由于中节能在可再生能源集中供能等清洁供暖上具有先行优势，贵州省、贵阳市政府选择与中节能（贵州）签约建设中天未来方舟项目，希望以此项目为示范点建设有贵阳特色的区域冷暖联供的供暖模式。

2015 年年底，在政府的授权下，中节能（贵州）主导并建设了中天未来方舟项目。为了减少不确定性、提升投资利用效率，中节能（贵州）在热力的生产、能源站建设、管网入户等方面进行筹划，实现上中游一体化，减少交易成本和沟通成本，缓解可再生能源项目的成本压力。同时，中节能（贵州）依据现有产业政策，对中天未来方舟项目供暖小区统一规划区域供暖范围，再从区域供暖试点逐步扩大覆盖网，吸引支付意愿高的用户，保障一定的开通率。

贵阳市走出了由央企主导的供暖模式，目前在中天未来方舟项目的推动下，贵阳市供暖呈现出以下几个特色。

第一，在央企主导下形成行业的范围经济和规模效应，减缓可再生能源供暖的成本压力。一方面，中天未来方舟项目结合贵阳实际推出冷暖联供服务，通过冷、热、电多种产品实现范围经济。这种冷热电三联供的产品组合扩大收入来源、缩短投资回收期、缓解成本压力，减少可再生能源项目的不确定性。同时，它还能充分考虑热负荷的季节性特征，充分利用供热系统的闲置期，锁定夏季居民部门的制冷需求，使能源系统在冬夏两季均可发挥作用。这提高了系统的利用率，使得商户平均制冷费用与普通空调相比平均节省 40% ～ 50%。另一方面，中天未来方舟项目规划用户众多，具有示范效应和一定的规模优势。它的可再生能源集中供能系统总面积约 800 万平方米。到 2020 年，超过 4 万户共 20 万人口都能享受到中节能的区域供暖服务。因此，相对集中且具有一定规模的中天未来方舟项目，有利于分摊用热成本，发挥其良好的经济性和网络效应。

第二，使用可再生能源，实现清洁绿色供暖，缓解贵阳供暖的环境压力。中天未来方舟项目采用绿色发展理念，主要通过地源热泵、污水源热泵等形式提取热量出来用于居民夏季制冷和冬季取暖，实现资源分级分质利用，同时还适时引入热力锅炉等传统热源作为调峰设备，形成多能互补、冷热联供的南方供暖新业态，为贵阳在确保清洁供暖的前提下实现稳定连续的热力供应。因此，该模式下的中天未来方舟项目具有资源区别利用、能源梯度使用、闲置资源再利用的资源节约型与环境友好型的路径特征。这种供暖模式有利于贵阳市甚至贵州省完成燃煤替代、控制能耗排放总量的要求。

第三，多能互补能源系统可以提高能效比和供应的稳定性。一方面，中天未来方舟项目可再生能源系统具备高能效比，有助于发挥其技术优势保障清洁供热。水源热泵系统冬季运行综合能效比为 3.4，夏季综合能效比为 4.4，污水源热泵系统冬季运行综合能效比为 3.2，夏季综合能效比为 3.5。同时，中天未来方舟项目设计是较为全面的整体设计，能源站互联互通、资源互补，整个供能系统一网多源，通过河水、污水、电力和燃气等能源的多能互补，实现四个能源站管网互联、互为备用，供暖的网络效应大幅放大，供暖的能耗得到进一步的降低。另一方面，每个能源站均设置多台水源热泵与多台锅炉来保障整体供暖安全。且随着时间的推移，能源站、换热站、二次网、户内末端管网形成的供暖系统不断积累运行和控制的经验，系统间经历了多次磨合和调优，这形成了一种“干中学”效应，将进一步提升项目能效比，提高冬季供暖的稳定性和保障程度（图 3.8）。

与贵阳模式相似的还有南阳，南阳目前也是由五大发电集团之一的国家电力投资集团有限公司（以下简称国电投）领头推行区域清洁供暖。《河南省集中供热管理试行办法》规定，秦岭—淮河以北的城市应发展集中供热，其他城市可鼓励发展集中供热。南阳市位于作为南北供暖线的沿边城市，位处秦岭以南，属于非强制采暖区，但寒冷的气候和优良的工业基础使得南阳的区域供热因地制宜地发展起来。

具体而言，一方面，南阳市冬季气候寒冷，具有持续稳定的用暖需要。南阳是位于秦岭—淮河这一南北供暖线周边的城市，处于亚热带气候向温带的过渡地区，气温与降水兼具夏热冬冷地区和寒冷地区的特点，冬季气候寒冷阴湿，采暖习惯与气候特点与北方城市类似。早在 20 世纪 70 年代，许多国营企业开始自建锅炉为家属区小区提供供暖服务，供暖意识开始逐步培养起来。另一方面，南阳

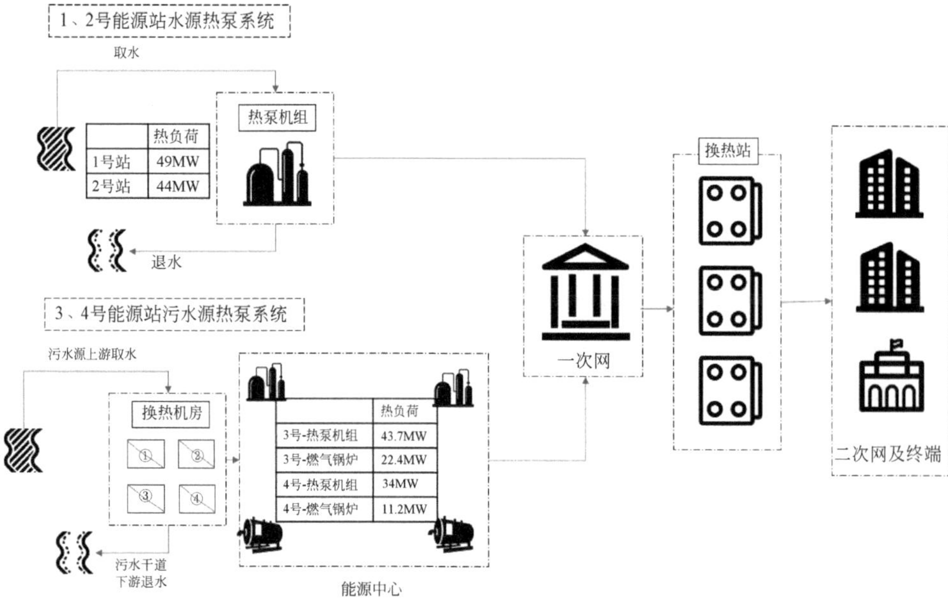

图 3.8　贵阳市多元互补的可再生能源供热系统

拥有丰富的煤炭资源和石油资源，可充分利用其禀赋优势发挥区域供暖。随着石油与煤炭资源的发现利用，南阳中心城区开始逐步将分散小锅炉联网运营通过大中型锅炉或热电联产的形式集中化提供区域供暖服务。1992 年，南阳中心城区集中供热管网建设开始逐步发展起来，供气量和蒸汽供热管网长度渐渐初具规模。

2008 年后，南阳市响应国家节能减排号召，由国电投南阳热电有限责任公司通过热电联产的方式全面取代电厂供热、分散锅炉供热，以低排放、低污染为代表的清洁供热成为南阳供热模式的主要特点。国电投南阳热电有限责任公司作为南阳市政府授权的中心城区唯一供热企业，将大气污染防治、改善环境质量作为新时期热力运营结构升级的主要任务之一予以推进，两个 210MW 的热电联产机组作为主力热源，是河南省省级环保达标排放单位，热力生产运营的脱硝、脱硫全部实现超低排放，供热方式经济环保，实现了经济目标和环境目标的有效统一。

截至 2020 年，南阳市中心城区已建成区域供热管网 233 千米，其中主力的热水管网供热管网长度达 191 千米，补充的蒸汽管网也有 42 千米，为 270 个居民小区提供了热力服务，覆盖热用户 75 000 户，供热收费面积 633 万平方米，供热覆盖面积 2450 万平方米，覆盖率达 65.45%。

3.2.3 供暖模式的评价

贵阳多能互补的新能源供热模式具备一定的经济效益和成本优势。中天未来方舟项目在覆盖区域内，通过能源管控平台，将地源热泵、水蓄冷蓄热、污水源热泵、热力锅炉等供热形式有效利用和统筹管控，这种多能互补的方式不仅有助于中节能集团在项目运行中降低成本，尽快回收前期投资，还能通过形成清洁供热的产业链为当地招商引资、百姓就业等带来经济效益。

贵阳供暖模式能为居民提供优质实惠的服务。在居民取暖价格上，贵阳中天未来方舟项目的居民用热价格尽量做到惠民、利民。由于采用较为先进的技术，其可以利用河水冬暖夏凉的特征，在不污染河水的前提下低成本地实现了高效的冷暖联供。与传统的供暖模式相比，贵阳的这种清洁供暖模式可以节省 30% ～ 40% 的成本，传递到居民用户端时，采暖费用也可降低至少 30%。目前，贵阳中天未来方舟项目覆盖的住宅区，居民取暖每平方米仅 26 元，这意味着清洁能源供暖比传统能源更有成本优势。

贵阳供暖模式具备节能降耗的特征。以中天未来方舟项目为例，目前每年可节约燃煤量为 12 558 吨标准煤，减少 CO_2 排放量达 30 000 吨、SO_2 排放量达 207 吨、烟尘排放量达 120 吨。随着供冷供热面积的逐步扩大，行业的规模经济和网络效应可以进一步降低行业的绿色成本。

但是，贵阳可再生能源多能互补的供暖模式前期仍存在发展的瓶颈。贵阳虽然冬季寒冷阴湿，但长久以来居民家庭采暖并非必需品，采暖观念与采暖消费习惯呈现多元化特征。目前来看，中天未来方舟项目的开通率只占全市居民的一小部分，居民实际用热率偏低，当没有更多百姓愿意为采暖买单时，集中供暖的发展会遇到挑战。另外，企业多能互补系统能源站的前期投资大，回报周期长，企业在居民部门的供应中会出现长期亏损的情况。

3.3 武汉模式

3.3.1 供暖需求与禀赋

武汉市是湖北省省会，地处江汉平原东部、长江中游，距离“秦岭—淮河”分界线 200 余千米，属于非集中供暖城市。但是，武汉的冬季平均气温较低，冬季平均气温在 2 ～ 5℃，一年中气温低于 10℃的天数在 120 天左右，加之武汉市多云天气密集、湿度大，武汉市居民冬季对供暖具有强烈的需求（图 3.9）。

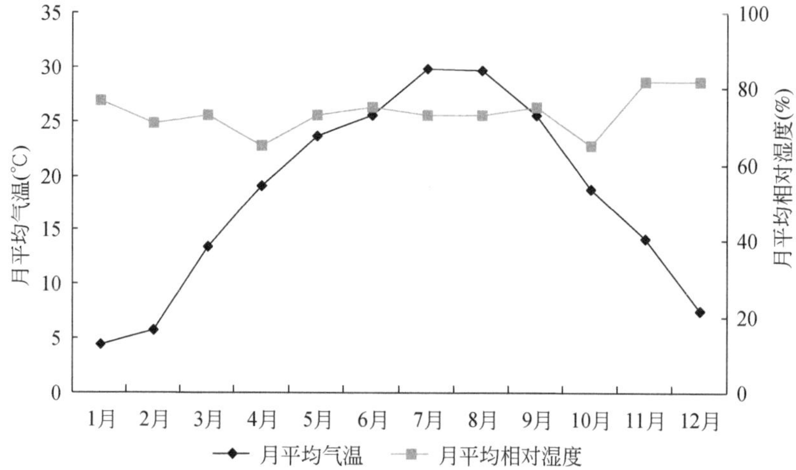

图 3.9　武汉市 2018 年月平均温度与相对湿度

数据来源：《中国统计年鉴（2019）》

在过去，由于供暖管道铺设及小区改造成本较高、居民收入较低，武汉市民对供暖的实际需求较低。但随着武汉市城镇居民可支配收入从 2001 年的 7304 元上升到 2019 年的 51 706 元，武汉市开始出现呼唤供暖的声音（图 3.10）。在这种情况下，武汉市政府在 2000 年就提出规划，要以集中供暖供冷的形式保证居民的生活调温需求，力争在“十二五”期末实现集中供热覆盖区域达 500 平方千米，服务人口达 160 万人。

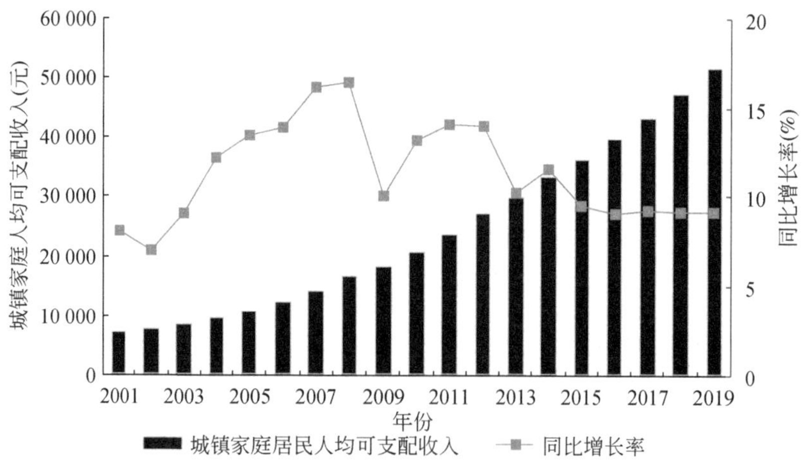

图 3.10　武汉市城镇家庭居民人均可支配收入情况

数据来源：Wind 宏观经济数据库

随着武汉市城镇居民家庭收入的提高，武汉市房价也水涨船高。2018 年，武汉市住宅商品房平均销售价格已经达到 12 678 元 / 平方米（图 3.11）。而武汉市集中供暖费用为每个供暖季 33 元 / 平方米，相对于家庭人均可支配收入和房价，供暖费用实际上并不会对家庭生活带来过大负担。

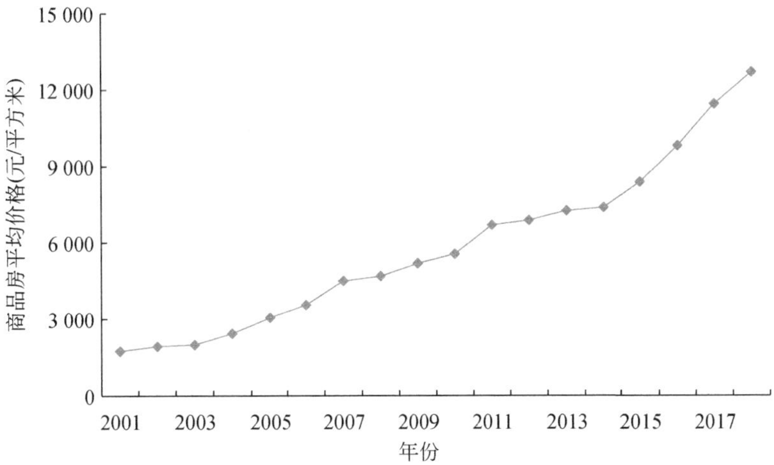

图 3.11　武汉市住宅商品房平均销售价格

数据来源：2002 ～ 2019 年《中国房地产统计年鉴》

武汉不仅存在供暖的需求，也具备一定的供暖条件。目前，武汉市具备多个稳定热源。例如，当前已经开始利用的湖北华电武昌热电有限公司、国电青山热电有限公司、武汉高新热电股份有限公司、华能武汉发电有限责任公司项目等，还有其他未被利用的如武汉市近郊的热电厂、武汉钢铁（集团）公司（简称武钢）等大型工业企业的余热及垃圾发电的热能等。国电青山热电有限公司提供的热力可满足 1000 多万平方米建筑的集中采暖、制冷及生活热水需求，湖北华电武昌热电有限公司热力可供应 300 多万平方米的建筑。目前已经利用的热电公司、热电项目供热能力总和超过 1600 万平方米；尚未开展合作的武钢供热能力超过 3000 万平方米，一旦纳入使用，将会大幅提高武汉市的供暖能力。根据工业企业数据库数据，2012 年武汉市有 12 家发电、供热企业，资产合计总额已经高达 8739.40 万元，这些规模庞大的热源和潜在热源，将为武汉市集中供暖提供强有力的支持。

此外，武汉市具有成熟的天然气管道系统。武汉市天然气输送能力正在快速上升，2017 年已建成的天然气管道长度达 12 717 千米，同比增长超过 50%（图 3.12）。成熟的天然气能源站工艺与不断提高的天然气输配能力，使得武汉市存在一定的天然气供热能力。

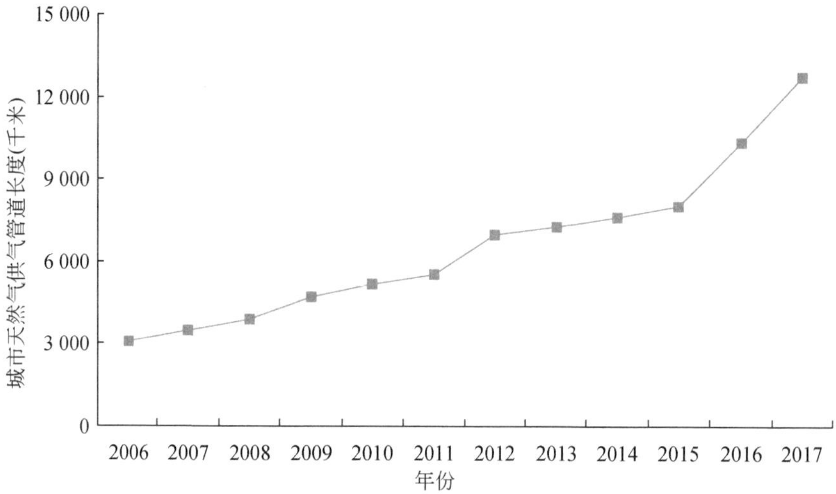

图 3.12　武汉市城市天然气供气管道长度

数据来源：2007 ～ 2018 年的《中国城市建设统计年鉴》

同时，武汉市具备丰富的江水资源，可用于建设水源热泵。根据中国工程院院士马永生的意见，武汉市地表水和地下水资源丰富，从长江、汉江等地质条件看，武汉有适宜地下水式地源热泵的运行条件，可利用量相当于16.47万吨标准煤。江水源能源站的主要特点为能源清洁高效、供暖成本低廉，但江水源能源站的建设和应用严格受到附近水源的制约，在武汉临江区域建设的小区均可以进行十分低成本的改造安装，非临江区域的小区则相对受限。

总之，从需求侧角度，武汉居民对冬季供暖的需要以及对供暖费用的支付能力，共同构成了武汉市的居民供暖需求市场。从供给侧角度，武汉市建成的大量的热电厂、热电工程，加上武汉市建设的天然气能源站、丰富的江水资源，构成了武汉市的供暖供给市场。推广供暖的政府文件陆续出台也对供暖市场发展提供了良好的政策环境。

3.3.2　供暖模式的形成

早在 20 世纪末，武汉市政府在供暖市场尚未形成时便已开始进行项目工程规划。1997 年，原武汉市计划委员会组织有关部门启动了“冬暖夏凉工程”的研究和“武汉市热电联产规划”，并将之纳入武汉市国民经济和社会发展“九五”计划和 2010 年远景目标纲要。

2000 年，武汉市政府提出规划，力争在“十二五”末实现集中供热覆盖区域达 500 平方千米，服务人口达 160 万人。2006 年 1 月，武汉市第十一届人民代表大会第四次会议批准的武汉市“十一五”规划将“冬暖夏凉”工程正式列入其中，并提出“十一五”期间将稳步推进“冬暖夏凉”工程，适时推进武昌、汉口、汉阳地区集中供热（制冷）工程和一批“冷、热、电”三联供项目，力争供热制冷覆盖面积达 60 ～ 80 平方千米。同年 5 月，武汉市政府颁布《武汉市市政公用事业特许经营管理办法》，允许供热等市政公用事业依法执行特许经营。2011 年，武汉市政府将东湖新技术开发区地区供热特许经营权交给光谷热力，武汉市出现特许经营权的发放，武汉供热市场由此逐步形成。

2006 年武汉市“冬暖夏凉”工程招标，江苏德威新材料股份有限公司中标后进入武汉市供暖市场，并于 2006 年 11 月正式开工建设供热管网，2007 年与湖北华电武昌热电有限公司签署合约利用余热蒸汽向用户供暖。然而，因天然气供应紧张、电热公司无法提供稳定热源、建筑改造规划不明确，武汉“冬暖夏凉”工程进展缓慢。截至 2015 年，武汉市集中供暖仅覆盖 6 万人，集中供暖面积 500 万平方米，与武汉市规划目标存在巨大的差距。

武汉市供热事业发展经历挫折的原因，在于对地区内部如何发展、推进供暖事业，没有进行详细的规划制定，并且管道铺设责任、小区与企业的交易成本全部由热电企业承担，因此整体推进十分缓慢。在房地产开发商侧，集中供暖的区域在楼盘开发建设之初就要铺设供热管网，但房地产开发商不愿承担加装管道的改造成本；在居民侧，老旧小区居民对供暖改造的分歧较多，居民意见不统一，且改装成本比新建小区加装供暖成本高；在交易成本侧，供热管道的铺设交易成本极高，要求供热企业与多方博弈。南方供暖推广过程中的普遍问题在于居民用户用热率不足、政府政策支持较小、企业存在盈利障碍，武汉市也存在这一问题。同时，武汉市特有的问题在于武汉市规划部门的发展规划，实际上由武汉市城市管理部门下属的供热办公室执行，政府单位级别的差距使得武汉市的供暖规划落实困难。

但随着武汉市新规划的提出，推进路线不明的情况正在逐渐改善。2013 年，为了早日实现武汉市“冬暖夏凉”工程，东西湖区政府会同市能源局编制了《汉口西部地区供热专项规划（简本）（2013-2030）》和《汉口西部地区热电联产规划（2013-2030）》，并于同年获得湖北省发展和改革委员会（省能源局）的批复。总体供热方案为，以现有汉川电厂及新规划的慈惠热电厂为集中供热热源，联合对集中供热区供热，汉川电厂主供集中供热区京珠高速以西区域，慈惠热电厂主供集中供热区京珠高速以东区域。集中热源以蒸汽与热水结合的方式对外供热。蒸汽管网主供规划区内的工业用户；热水管网主供采暖、制冷及生活热水。在实施集中供热后，工业及商业用热应优先考虑使用集中供热，民用集中供热以自愿为原则进行发展。东西湖区的相关规划将汉口地区各区域明确划分在各个热电厂辐射下，从而明确了各地区权责。

2017年，武汉市人民政府推出《武汉市能源发展“十三五”规划》，在集中供暖方面要求以热电联产为主，天然气分布式能源站和工业余热为辅，地源热泵、江水源热泵和生物质燃料锅炉为补充，先期形成“三大片区”（武昌、汉阳、汉口片区）布局，“十三五”期末向“四大板块”（大临空、大临港、大光谷、大车都板块）延伸。到2020年，武汉市实现主城区和各开发区生产生活供热配套，满足工业生产负荷4282.6吨/小时，供热面积4150万平方米，供热量6.28×10^7GJ/年。

2020年，青山环保产业开发投资建设有限公司投资建设青山区余热供热制冷项目实施。该项目分期进行，一期主要推进一级管网及老旧小区二级管网建设，二期建设一级管网配套分支管道及既有小区二级管网建设。青山区供热项目逐渐辐射全区，从管道建设开始逐步推进本地区居民供暖。

2020年，武汉市编制《武汉市清洁能源集中供热制冷规划（2020-2030年）》，规划在汉口西部及汉阳地区各布局一座大型热电联产机组，供暖范围可辐射东西湖区、硚口区和武汉开发区。目前，这两个项目均在开展前期工作，协调节能审查等问题。

随着青山区余热供热制冷项目、汉口西部和汉阳地区热电联产机组建设推进，加上武昌现有集中供暖小区，“三大片区”集中供暖完成初步布局，下一步将以完善片区内部供暖覆盖面积、推进片区外部供暖规划作为重点。

武汉市形成了以分布式供暖为主的居民供暖市场。目前武汉具备供暖的小区数量十分有限，武汉的居民区（除家庭分户自供暖以外）选择进行供暖的方式主要通过集中供暖、地源热泵和天然气。武汉市的集中供暖工作在全国非集中供暖区域处于前列，已实现集中供暖的建筑面积达400多万平方米，受益人口约15万人，主要分布在武昌的关山片区、水果湖片区及积玉桥片区。

分布式采暖是各个小区用户目前的主流选择，武汉使用天然气独立采暖家庭已超过11万户。国网湖北省电力有限公司积极推进冬季采暖电能替代工程，在保持传统空调、电暖器等用电市场份额的基础上，推广使用碳晶电的新型采暖方式。2015年入冬以来，国网湖北电力有限公司安排400万元专项推广资金，在湖北省14个地级市A级营业厅开辟碳晶电采暖体验示范区，带动更多人群使用。相较于集中供暖，空调供暖舒适度低且电费昂贵，燃气壁挂炉舒适方便但前期投入大。然而武汉大部分小区不具备集中供暖条件，也尚未建设能源站、热泵等设施，因此武汉采用分布式采暖用户多且增速快。

武汉市还有一定数量的天然气能源站，但是天然气能源站基本用于商用，民用领域尚未开始拓展。天然气分布式能源站是武汉能源规划中集中供暖的辅助组成部分之一，在武汉已经有一定程度的应用：创意天地天然气分布式能源站占地约 4400 平方米，年供热量 13 万 GJ，年发电量 1 亿千瓦时；武汉国际博览中心天然气分布式能源站位于武汉洲际酒店地下室，场地面积约 7700 平方米，总装机容量 21.5 兆瓦。目前天然气能源站主要用于商圈、写字楼等商用建筑的供热制冷，尚未进入民用市场。

武汉以默许（特许）经营的模式开展民用供暖，推动热电企业自行探寻适合武汉市的供暖市场路径。然而，由于缺乏配套的市政规划，武汉市管道铺设、供暖区域划分不明确，这增加了热电企业与房地产开发商、物业公司、政府及其各部门之间的沟通成本。在这种困境下，热电企业通过扩大热源影响范围、扩大市场规模，力图通过建立起上中游一体化的热电市场，从而减少企业间的交易成本。

与武汉模式相似的还有襄阳，但襄阳的“默许”要更加接近特许经营的程度。襄阳市 2017 年的政府工作报告将“城区集中供暖工程”列为 2017 年要扎实办好的关系民生的十件实事之一。2017 年 3 月 22 日，襄阳市建设投资经营有限公司组建全资子公司——襄阳襄投能源投资开发有限公司，该公司成立的目的就在于负责襄阳市城区集中供暖工作，是政府指定的供暖单位。2018 年襄阳市政府计划办好的十件民生实事再次提到实施城区供暖工程，提出建成供暖主管网 30 千米，集中供暖覆盖建筑面积达到 50 万平方米以上。

在这样的背景下，襄阳以“政府搭台，特许经营”的模式积极推广集中供暖工程建设：襄城区供暖一期工程于 2018 年 11 月底实现全线贯通，完成了 15 千米管网（双回路 30 千米）铺设，2018 年 12 月 24 日正式实现向华电寓苑、市气象局、庞公路某部队集中供暖。襄城区供暖二期项目主干网沿内环路、胜利街、盛丰路、环城南路及襄南大道直埋敷设，为避免重复开挖，减少建设成本，结合市政建设总体规划，汉江国有资本投资集团有限公司（简称汉江国投）将襄城区供暖二期项目供暖主管网建设与胜利街改造及岘山广场地下通道工程同步进行。同时，为了保证和平衡供暖系统管网的整体建设进度，汉江国投加大了对支线管网和居民小区庭院管网的建设，2019 年初已完成支线管网和居民小区庭院管网建设约 16 千米。截至当前，襄城区范围内襄城一期、二期项目高温热水管网贯通，已接入的及正在实施接入的小区总户数近 9000 户。

襄阳市樊城区供热管网一期项目作为樊城区集中供暖重点项目，从樊城燃机热电厂作为起点，沿“中航大道—松鹤西路—振华路”敷设主蒸汽管道 7.2 千米至安能热电厂，另在紫贞公园路、解放路等位置建设蒸汽支管道，项目管道全长 10.7 千米。项目建成后可实现新热源点与安能热电厂现有供热管网系统的对接，既不影响樊城区现有集中供暖用户的用热，也可满足更大范围沿线热用户的用热需求。

从集中供热的热源来看，襄阳市主要依靠电厂、热电厂的余热进行供暖，主要包括王伙社区的新热源点、安能热电厂、华电襄阳电厂（总装机260万千瓦）。

根据《襄阳市集中供热专项规划》可以看出，目前襄阳市的供暖主要分为4个片区，襄城区、樊城区、高新技术产业开发区以及襄樊汽车产业经济技术开发区，襄城区和樊城区的供暖工程处于快速推动中。目前襄阳市主要的集中供暖用户都是老小区，且大部分都是依托“三供一业”改造的国有企业、事业单位的家属区，这些小区一般都有集中供暖的历史，但新小区和商业住宅小区开通集中供暖的还较少。

类似的，十堰市的供暖路径也是这种“政府搭台、企业唱戏”的背景下逐步形成的，目前形成了“集中为主、分布为辅”的供暖模式。北京能源集团有限责任公司（简称京能集团）作为十堰市政府民生工程的对接主体，承担起大部分“供热一张网”的实施任务，京能集团十堰热电联产项目也成为湖北省“十二五”“十三五”时期的重点能源建设项目。2013年2月，在获取了国家能源局的立项批复后，为了保障该项目的顺利开展，十堰市政府给京能集团提供了全方位的支持引导，不仅承担了热电联产项目的水力管网、电力输送线路等基建工程的建设，还提供了6个亿以上的项目融资。同时，十堰市和张湾区两级政府还对京能集团十堰热电联产项目实施了首席服务官制度，确保现场施工、管网铺设等工作能够顺利推进，保证热电项目建设与其他公共基础设施能够相互兼容，这对十堰市热电联产项目各环节的沟通协调和有序推进起到了重要作用。

基于十堰市政府的大力支持，京能集团十堰热电联产项目作为十堰市的主体热源多管齐下、多措并举，从2019年开始全面实现“供热一张网”的建设。2020年，在东风热电厂和阳森热电厂相继关停后，京能集团十堰热电成为唯一的主体热源点，承接了十堰市全市工商业用热和居民采暖的主体供热任务，对十堰市的供热管网进行了全面梳理和系统整合，将三个热源的管网进行对接和优化，实现“供热一张网”的布局和联网供热目标。截至目前，京能集团十堰热电有限公司已完成了1200万平方米的供热面积建设，稳定供热能力达到每小时780吨，为城区441个小区用户供暖，覆盖人口达33万人。

十堰市这种集中式供暖模式形成的原因多种多样，既有自然条件的基础影响，也存在人文因素和社会经济的外部影响。具体来讲，我们可以从气候特征和人口流动上进行具体分析。

从气候特征上看，十堰市与武汉市一样，位于汉江中上游地区，属于传统的夏热冬冷地带，气候类型为亚热带季风气候。这种气候下，十堰市降水丰富，冬季呈现出湿冷的特征。十堰的年极端最低气温甚至可达到–5℃，冬季平均气温仅为3℃，1月的气温在平均意义上更加寒冷，符合我国传统意义上强制供暖区的供暖标准。同时，十堰市身处长江中下游的夏热冬冷地区，降水充沛、气候湿冷，人体的体感温度往往更低，居民冬季取暖的意愿十分强烈。

从人口流动上看，十堰市是一个“移民”城市。在 20 世纪 50 年代，为了在“大后方”建设“二汽”，数万人从国内各地举家迁入十堰市，其中大多数人来自吉林长春的“一汽”。所以，由于历史的产业迁徙，大量北方移民涌入十堰市，供暖服务作为典型的北方特征被保留了下来。经过长期融合，十堰市居民冬季取暖的消费习惯较为固定，居民取暖意愿较强。因此，综合气候因素与人口因素，十堰市居民在冬季的采暖需求较强，热力设施几乎成为房地产建设的标配。

与此同时，随着城区建设进度加快和采暖需求的上升，京能集团十堰热电联产项目的“一张网”集中供热能力和覆盖区域有限，因此分布式供暖随之兴起。在供热主管网无法覆盖的小区，多家民营企业开始进入市场在各个小区内提供分布式供暖，如春风实业集团有限责任公司的空气源热泵、中国燃气控股有限公司的燃气机组等。这种分布式供暖的加入为十堰市供暖市场的发展与壮大提供了有效补充。

3.3.3　供暖模式的评价

武汉模式是政府早期即开始规划“冬暖夏凉”项目，并且默许供热企业自行铺设管道、链接热源、推广用户，属于以政府的手打开市场的门，随后默许企业自行发展的模式。该模式的特点在于政府先行，在市场供给方尚未进入、需求方处于萌芽的时期以政府规划推动供暖市场的形成，随后默许供热企业任其发展，这样的发展模式可以在不存在市场的地区快速推动供求双方进入，因此有利于跨越前期的市场开拓期。

但是武汉模式目前的瓶颈在于企业与居民交流成本高、过程复杂，没有统一交流渠道，居民缺乏支付意愿，使得既有供热能力利用率低；政府城市规划不成熟，老屋改造、新房建设没有相应的供暖规划，政府支持力度小，管道铺设任务及产权属于上中游企业，交易成本大，使得集中供暖难以形成规模效应；能源站、水源热泵等新技术应用范围有限且无规划，利用率不足。这些是武汉模式下一步需重点改进的地方。

3.4　杭州模式

3.4.1　供暖需求与禀赋

杭州市位于我国“秦岭—淮河”一线以南地区，属于传统意义上的非集中供暖地区，气候上属亚热带季风气候，冬季较阴冷潮湿，每年 12 月至次年 1 月是杭州最冷的月份，平均气温仅为5.9℃，并且相对湿度在一年中最高（图3.13）。2016年1～2月，受寒流影响，杭州多次迎来小到中雪，且持续的阴雨天也使大部分地区的气温降至零下。2020年12月～2021年1月，出现入冬以来最寒冷天气，强降温、大风、雨雪、冰冻天气接踵而至。寒冷天气下，杭州市民对供暖有着强烈的需求。

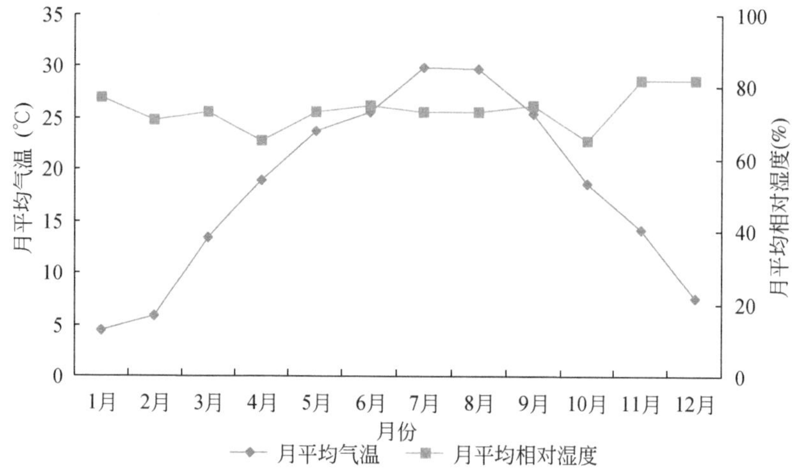

图3.13 杭州2018年月平均温度与相对湿度

数据来源：中国统计年鉴（2019年）

改革开放后杭州市居民生活水平不断提高，2018年城镇居民人均可支配收入为61 172元，是全国城镇居民人均可支配收入的1.6倍左右（图3.14）。杭州

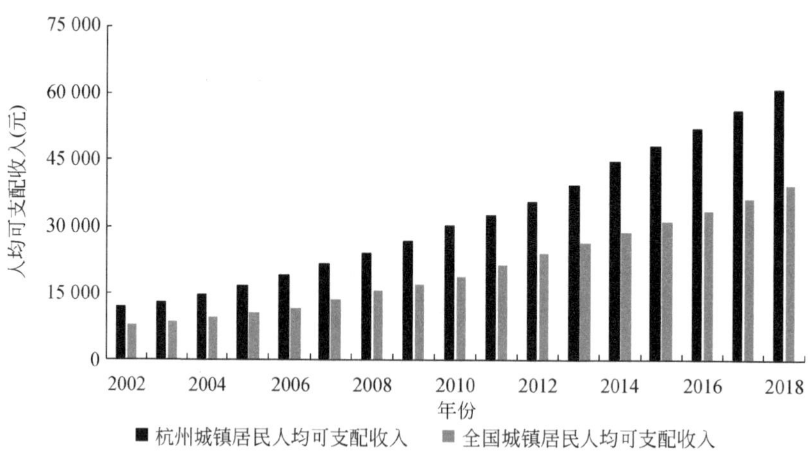

图3.14 杭州市城镇居民可支配收入和全国城镇居民人均可支配收入对比（2002～2018年）

数据来源：Wind宏观经济数据库

2019 年的社会消费品零售总额为 5310.9 亿元，占市辖区 GDP 总额的 42.5%，年平均增长率达 17%。收入的快速增长推动了居民消费水平的提升，冬季取暖费用不再是阻碍供暖需求增加的主要因素。

与此同时，杭州市商品房价格也增长较快。从 2001 年的平均每平方米 2624 元上涨到 2018 年的平均每平方米 2.44 万元（图 3.15）。2018 年杭州人年均住房面积为 37.3 平方米，也就是说，一个三口之家，购房成本大概为 273 万元。相较之下，无力支付取暖费用的城镇家庭所占比例很小。较高的住房成本同时拉高了消费者对居住环境舒适性的要求。即使现在不用，很多居民买房时依然偏好购买预先铺设好地暖或留有供暖空间的房屋。

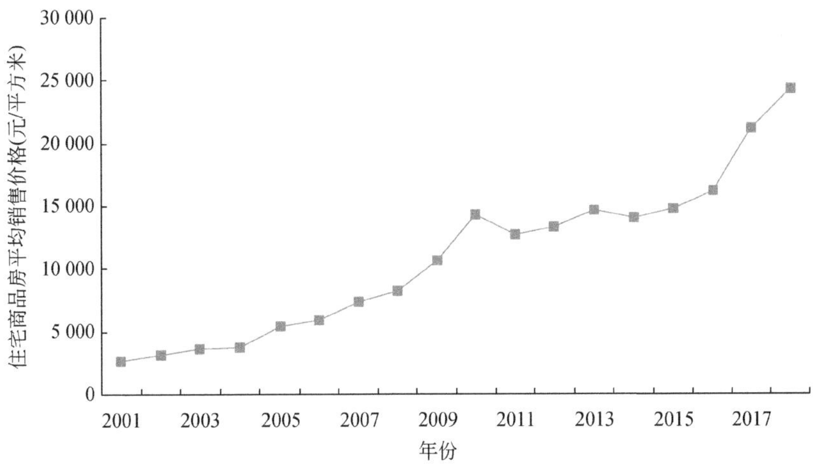

图 3.15　杭州市住宅商品房销售价格（2001 ～ 2018 年）

数据来源：2002 ～ 2019 年的《中国房地产统计年鉴》

从供给角度看，杭州能源供应较为紧张，现有能源结构无法支撑大范围集中供暖。一方面，杭州能源产量非常小，近年来规模以上工业企业一次能源购进与消费量如图 3.16 所示，其中一次能源的消费总量与外购量几乎持平。另一方面，杭州近 20 年来居民电力和燃气（人工煤气、天然气）的消费量逐渐上升，尤其是燃气消费量迅速增加。2018 年杭州市电力、人工煤气和天然气三类能源的居民总消费量分别达到了 825 248 万千瓦时、26 506 万立方米和 58 131 吨，人均消费量则分别达到 1066.21 千瓦时、34.25 立方米和 7.51 千克（图 3.17）。根据《杭州市能源发展“十四五”规划》（征求意见稿），杭州能源供应保障依然薄弱。在电力供应方面，用电负荷峰谷差不断拉大，电网调峰困难增加，系统调峰容量不足问题日益严峻；在天然气供应方面，“多点接气、环状供应”

的高压供气网络尚未形成，西部的建德中心城区及淳安县尚未实现高压供气，LNG 服务网络尚无法完全满足重点领域需求，燃气应急储备能力与深圳等国内先进城市相比尚有不小差距。

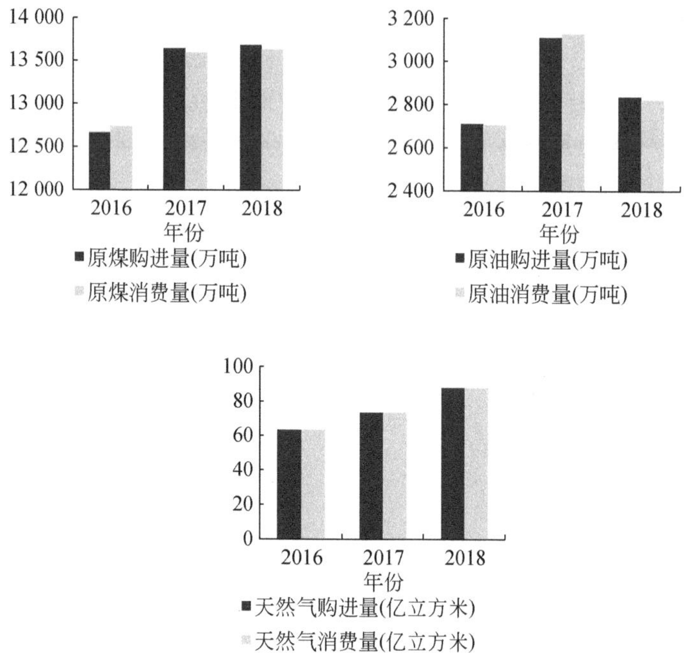

图 3.16　杭州规模以上工业企业一次能源购进、消费量

数据来源：2017 ～ 2019 年的《浙江统计年鉴》和《中国城市统计年鉴》

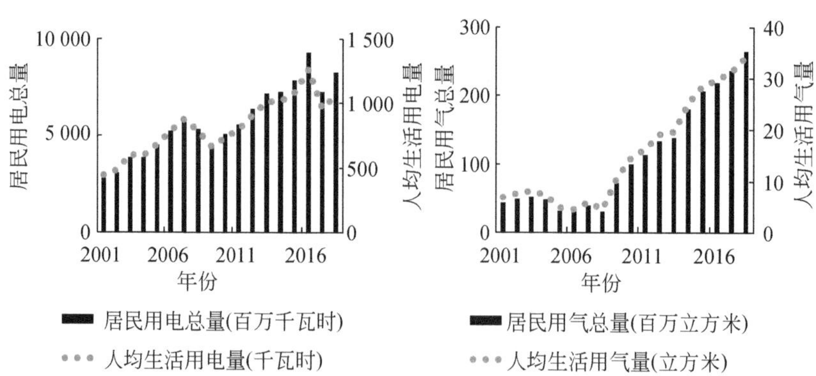

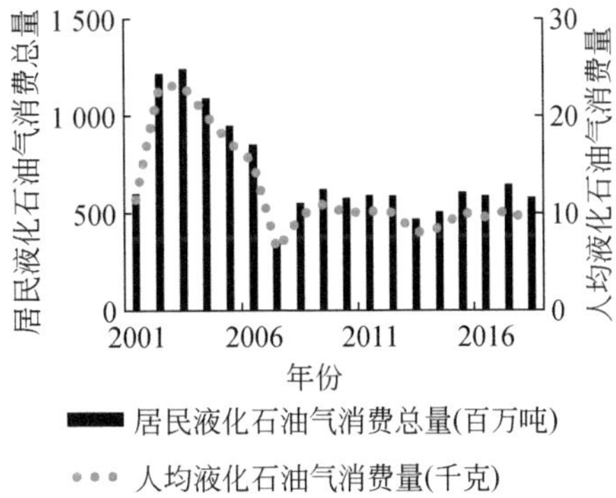

图 3.17　杭州居民电力、燃气和液化石油气消费量

数据来源：2002 ～ 2019 年的《浙江统计年鉴》和《中国城市统计年鉴》

杭州工业热源少且多为小型工业企业。改革开放后，杭州产业结构进入一个快速变动的时期。机械、建材、冶金、仪表、丝绸等产业在工业产业中所占比例不断下降；电子、通信、电气、医药、化学等一批新兴制造业在市场需求带动和政府扶持的双向推动下快速发展；旅游、餐饮、商贸、金融等带动了第三产业占比不断上升。2000 年杭州市第三产业增加值增长比例超过 12.8%，超过第二产业成为杭州 GDP 增长的最大贡献者。在服务业固定资产投资持续上升的同时，老城区的工业投资从 1998 年开始下降，杭州进入了工业化发展的中后期，即产业结构高度化阶段。2002 年起，杭州实施“老城区工业企业搬迁工程”。截至 2012 年，共有 145 家企业列入市工业企业搬迁计划。所以杭州老城区内少有工业企业，缺乏集中供热的热力来源。

杭州工业企业数量众多，但多为中小企业，故谓之“碎石型”企业结构。2000 年杭州全市工业总产值 42% 左右的贡献来自规模以下的中小企业，2715 家规模以上工业企业的平均产值规模也只有 568 万元。2018 年，杭州小微企业的数量是大型企业数量的 39.2 倍，是中型企业数量的 8 倍；工业总产值分别是两者的 1.03 倍和 1.3 倍（表 3.1）。

表 3.1　杭州市 2018 年规模以上工业企业数量及产值

企业类型	企业单位数	工业总产值（当年价格）（百亿元）	新产品产值（百亿元）
大型企业	120	4.94	2.37
中型企业	617	3.97	1.48
小微企业	4 694	5.11	1.16

数据来源：《杭州统计年鉴》（2019 年）

3.4.2 供暖路线的形成

杭州早在1997年就开始尝试集中供暖，为居民提供24小时热水。根据当时的规划，杭州热电厂为大关路以南、凤起路以北、教工路以东、建国路以西，包括武林广场在内的5.16平方千米的区域内的28个居民住宅的1.1万多户居民，提供24小时热水服务。但是，由于供暖管网常年在地下水中浸泡运行，因腐蚀而导致的管网泄漏事故不断。此外，由于供暖效率不高，热水到每个小区每吨价格要20～30元，超过居民的可承担范围。到2009年杭州热电厂搬迁，杭州在集中供暖上的尝试至此告一段落。

集中供暖在杭州难以发展的原因既与居民消费习惯、供暖时长、住房结构以及热力管网铺设等客观因素有关，也受到政府对杭州市发展规划的影响。

杭州居民采暖消费习惯差异较大，用户采暖消费习惯也呈多元化。对于冬季采暖，居民们可以自由选择空调制热或者壁挂炉、电热毯等其他采暖产品。所以，协调所有居民建成集中供暖的成本较高，即使能像武汉一样建成集中供热小区，实际用热率也不高，导致企业供热成本高企。相反，分户式供热能收集不同需求偏好的广大用户，发展长尾市场，形成规模效应。

杭州供暖时间相对较短，分散式供暖相较集中供暖更为灵活节能。杭州大部分市辖区的冬季实际供暖天数较短，且是不连续的。如果在杭州推行集中供暖，那么供暖锅炉和热电联产设备很有可能全年有9个月甚至10个月的闲置期。此外，杭州市建筑墙体普遍较薄，一般是20厘米左右，窗户多且大，落地窗比比皆是，这种建筑方式的透气性好，但是保暖性差。

因为居民的热需求量小且不稳定，供暖企业不仅面临较高的协调成本，还有较高的调峰成本和管道铺设成本。杭州在发展初期未将热力管网纳入规划中，若再构建复杂的热力管网系统，地下空间、工程及经济上将面临巨大负担。此外，杭州市地下水位较高，建成供暖管网后管网将长时间处于地下水浸泡之中，传输过程中热量损失过高，管网损坏率和维护管理成本将成倍增高，所以企业在收益难以明确的情况下不会开发居民供暖市场。

杭州市的区域规划也是制约集中供暖发展的原因。《杭州市城市总体规划（2001-2020年）》（以下简称《规划》）将杭州建设形成“一主三副、双心双轴、六大组团、六条生态带”开放式空间结构模式（图3.18）。中心城区由主城、江南城、临平城和下沙城组成，承担都市型和高新技术产业功能；六大组团分成北片和南片，功能主要在于吸纳中心城区人口及产业的扩散；六条生态带是在城区和组团之间，利用自然山体、水体、绿地（农田）形成的绿色开敞空间，划定生态敏感区，避免城市连片发展而影响城市整体环境水平。

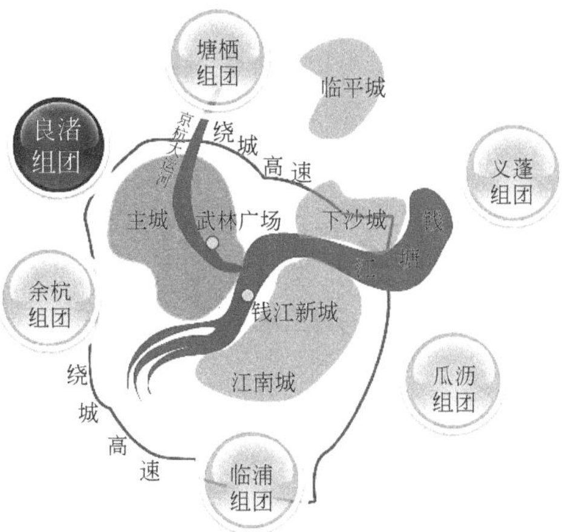

图 3.18　杭州市规划示意图

这种开放式空间结构，打破了从前以旧城区为核心的团块状布局，使得大面积发展集中供暖更为不可行。而各个城区和组团致力于发展第三产业，如高新技术、文化创意、旅游休闲、金融服务与电子商务等，轻工业模式下缺乏发展集中供热的热源。此外，《规划》中居民小区的建设也更为分散，表 3.2 呈现了杭州居民用地布局与住宅建设情况，充分体现出小而分散的特点。

表 3.2　杭州城市总体规划中的居民用地布局与住宅建设

主城	江南城	临平城	下沙城
五个居住片区：城中、城东、城南、城西、城北 53 个居住区	三个居住片区：城厢、城北、滨江 12 个居住区	三个居住片区：临平、运河、星桥 10 个居住区	东西两个居住片区，工业区和高教区配套 10 个居住区

因而，随着居民供暖需求的增加，市场开始自发根据消费者特性推出供暖产品。2017 年 3 月 1 日开始，杭州市燃气集团有限公司逐渐探索完善“家庭分户式供暖”模式，推出地暖和墙暖的定制式服务——从踏勘、设计、选材、施工到通气一步到位；实现一户一解决方案、一户一合同、一户一工程管理、一户一供暖系统的售后保障。地暖和墙暖在舒适度和便利性上均优于空调，用户也可以根据自己实际情况自由设置供暖时长、温度，用热可单独计量。所以随着市场发展，天然气分户式供暖脱颖而出。

在不具备区域集中供暖的条件下，分户式天然气供暖无论从舒适度上还是从经济节能角度均是较好的选择。首先，分户式天然气供暖的热效率高、供暖能力稳定，出水温度在 40 ～ 75℃，可同时作为采暖热源和提供生活热水。其次，1 立方米天然气的热值为 36 MJ，杭州市居民生活用管道天然气第一阶梯（0 ～ 276 立方米）价格为每立方米 3.10 元；1 千瓦时电的热值为 3.6MJ，民用电价平均为 0.5905 元每千瓦时。也就是说，产生同样热量需消耗 1 立方米天然气或 10 千瓦时，用电取暖的能源支出是天然气供暖的 1.92 倍左右。

截至 2019 年 10 月底，杭州天然气采暖用户已达到 7.64 万户，两年实现用户翻番，杭州的天然气存量用户共有 130 万户，未来杭州天然气采暖用户的增量空间十分可观。

除天然气供暖外，空气源热泵作为新型的环保清洁能源，有着使用成本低、舒适性高、效果好、安全、环保等优势[①]。空气源热泵通过水泵将冷 / 热源输送至室内的散热末端（地暖、风机盘管等），从而达到室内温度调节的目的。2018 年杭州锦绣钱塘别墅园郑府住宅小区实现了空气源热泵三联供，即对住宅进行中央空调、地板采暖、生活热水系统集成供给。一个采暖季（三个月）的运行费用是 7000 元左右；一整年平均月运行费用是 1000 元。相对于燃气供暖，冬季可节能 50%；相对于定频空调或单机头空调，可节能 20% ～ 30%。

市场主导型的分户供暖模式在江浙沪有广泛的实践，南京也是一个典型的分户供暖城市。南京作为江苏省省会，居民生活水平高，冬季采暖需求强劲，目前分户供暖以德系厂商为主导，零售与工程各占一半的市场份额，近年来新建住宅小区精装修的发展还带动了分户采暖设备的进一步稳定增长。

南京分户供暖模式的形成具有一定的历史原因。南京早期是工业城市，具备基本的居民供热的热源基础，如南方花园热电厂和扬子石化。2006 年，南京荣盛阿尔卡迪亚小区 6000 户住宅，全部配套壁挂炉采暖，成为当时散热片配备最齐全的小区。

随着热力设备集成商与零售商的推进，南京慢慢出现了明装采暖，居民取暖意识得到一定程度的建立，南京供暖市场得到大幅度的发展。但和其他南方诸多省会城市一样，南京供暖市场发展不均衡，没有具有极大推动力和领导力的厂商出现，总体市场仍然较小。

简而言之，和杭州的供暖市场一样，南京基本完全是市场自发调节的供暖模式，政府在市场形成和供暖运营中的干预较少。当地龙头企业的主导对供暖事业的发展起到了极大的指引作用，形成了空调市场里大金与格力绝对领先、壁挂炉

---

① http://www.shushi100.com/project/item-4423/。

市场里威能与菲斯曼相对主导的格局。但是，南京供暖也存在着暖通人才匮乏、新技术推广难等问题，这需要政府在市场规制、行业建设中更好地发挥其应有的作用。

类似的，南昌也同属市场自发型的供暖模式，用户使用天然气进行分户自采暖占据了供暖市场的绝大多数份额。同时，以国家电力投资集团公司、江西锋铄新能源科技有限公司为代表的企业启动了以空气源热泵等新能源分布式供暖的项目建设。但需要指出的是，南昌的居民供暖处于较低水平，目前有意识发展集中供暖的新建小区仅有 3 ～ 5 个，整体来看采用供暖的居民的占比相对较低。以壁挂炉销量为例，南昌一年的设备安装量仅为 2000 ～ 3000 台，与武汉 10 000 多台的壁挂炉销量形成鲜明对比。

分散供暖模式在南昌的形成也是由热源基础、供热成本、用能习惯等多因素共同决定的。像北方地区一样统一市政供暖，在南昌不具有操作性。南昌实际需要集中供暖的时间为 40 多天，如果单独建设一套独立的供暖管网、系统，成本太大。而且从环保角度考虑，由于南昌城区属禁煤禁燃区，所以供暖一般只能采用天然气供暖不再使用煤炭，但江西天然气成本很高，南昌要全城供暖，普通居民可能会认为价格太高。所以要采取集中供暖，关键是要整合合适的热源，才能提供一个经济可持续的发展模式。

既然全城供热无法实现，南昌江纺生活区采用的是通过工业区供热辐射居民区的做法。在工业园区推广集中供暖，是国内工业园发展的一个趋势，主要是食品、印染、纺织集中区，一旦实现了集中供热，小锅炉逐步被替代，污染物排放逐渐降低，园区和企业在节能降耗和降低成本都能实现。

综合来看，南昌虽然与杭州、南京同属市场主导型的供热模式，其分散供暖仍处于成长期和市场培育期，远没有杭州和南京用户规模多、市场成熟度高。杭州主要是由杭州市燃气集团有限公司这样的天然气管道商、浙江意格供暖技术有限公司一类的暖通行业厂商共同参与分户式供暖建设，南京则是由德系、意大利系的壁挂炉厂商建立并主导了成熟的供暖设备零售市场，分销售后体系很完善。相较这两者，南昌的市场活力有待进一步释放，许多国产壁挂炉厂商与热力运营公司需进一步在市场上推广示范绿色、清洁、低碳的取暖方式，以首批示范点为代表，辐射、带动周边县市发展。

除此之外，电采暖也是南方居民冬季取暖的重要方式之一。目前电采暖行业主要的技术有两种：电热膜和发热电缆。电热膜不耗水、不占地、开关自主，节能节材，符合减排低碳的政策导向。发热电缆则是通过制成电缆结构，以电力为能源，利用合金电阻丝或者碳纤维发热体远红外进行通电发热，来达到采暖或者保温的效果。电采暖有一定的优势，它既有适合于新房装修的采暖方式，也适用于二次装修、老房改造等的明装采暖系统，满足了南方不同家庭的个性化采暖需求。但是电采暖在我国南方市场并没有大范围发展起来，这主要有以下几个方面因素：第一，南方采暖方式较为传统，电暖、水暖、燃气在南方都还算奢侈品，居民支付能力有待进一步提升。第二，南方城市窗墙比过大，户间传热严重，建筑节能问题有待进一步解决。第三，南方采暖习惯和用能习惯有待进一步培育。第四，国产采暖设备品牌的市场引导能力有待进一步提升，目前外资的燃气壁挂炉和电供热品牌成为经销商首推产品，这种情况有待转变。

3.4.3 供暖模式的评价

杭州天然气分户式供暖有诸多优势，既与城市规划相适应，也符合人们对美好生活的追求。但分户式供暖的进一步发展依旧存在制约，如热源和管网设施不足、市场规模较小、缺乏市场引导等。

杭州资源的紧缺和工业企业的“碎石型”结构导致热源不足，未来可以通过股份制合并、合资等形式促进企业规模化、集团化、集群化发展。日渐增加的地热用户也给管网带来了较大的运行压力，2014 ～ 2015 年冬季用气实际情况表明，冬季主城区运行的低压管网及设备已经在超负荷运行。冬季大量使用地热装置引起的流量剧增，还有可能影响居民灶具、热水器等的日常生活用气。因此，杭州的天然气企业需要对居民小区燃气管网设施进行改造提升，对老旧管网进行提压改造，增强中低压管网保障能力。新建楼盘，在设计之初应把地热容量考虑在内，对地下管网进行配套设计，满足新建小区所有用户同时使用地热的需求。

创新化供暖模式、定制化供暖服务的背后是不小的供暖费用支出。目前杭州居民的采暖支出相对较高，适用于追求生活高品质的改善型消费人群，目标用户一般是家庭里有小孩、老人的群体以及高收入人群。一套约 60 平方米的住宅房，无论是采用地暖还是墙暖，设备购买、安装施工费用一般需要 2 万元左右，90 平方米的房屋则需 3 万～ 4 万元，每月采暖费用在 1000 ～ 2000 元。相较市场上的空调、电暖炉等竞争产品，天然气分户式供暖设备的初始成本令很多人“望而却步”。除设备成本外，天然气价格波动、“气荒”等能源稳定性因素也是有待进一步解决的问题。

杭州供暖市场具有自发的市场性质，由于缺乏相关政策法规、行业监管和市场标准等，导致市场无序竞争。杭州市 2018 年末市辖区户籍人数有 635 万户，分户式供暖占比还很小，意味着未来杭州采暖用户的增量空间十分可观。这需要政府加强宣传引导、规范行业标准，从而确保供暖市场高质量发展，从而赢得民众认可，通过扩大用户数量获取规模效应，有效降低安装和维护费用，降低居民取暖成本。

3.5　四种模式对比总结

随着经济社会发展水平的提高，带来了民众供暖需求的增加，上述典型城市的供暖实践都反映了居民供暖需求日益增长的现状。在此，我们将现有的南方城市供暖实践的发展情况予以总结，如表 3.3 所示。

表 3.3　南方城市供暖实践一览表

城市	用户数	供热面积	主要收费价格	主要能源构成	管理模式
合肥	12 万户	2500 万平方米	季度价：21.5 元 / 平方米	煤炭、天然气、地热、冰蓄冷	政府主导，市政推动
徐州	10 万	3000 万平方米	季度价：25 元 / 平方米	煤炭、天然气	政府主导、国有企业建设
十堰	12 万户	1200 万平方米	季度价：22.5 元 / 平方米	煤炭、空气源	国有企业主导、市场补充
武汉	2.4 万户	1800 万平方米	季度价：33 元 / 平方米	天然气、煤炭	政府搭台、默许经营
贵阳	1.6 万户	800 万平方米	季度价：35 元 / 平方米	水源热泵、天然气	央企主导、多能互补
毕节	—	—	季度价：27 元 / 平方米	煤炭、空气源	政府招标、国有企业实施
南阳	7.5 万户	633 万平方米	季度价：21 元 / 平方米	煤炭	政府指定，央企实施
襄阳	0.9 万户	150 万平方米	季度价：24 元 / 平方米	天然气、煤炭	政府指定，指定企业实施
宜昌	50 户	—	季度价：30 元 / 平方米	空气源、天然气	政府支持，央企主导
杭州	9 万户	—	阶梯气价在 3.1 ～ 4.65 元 / 立方米	天然气	市场竞争、百花齐放
南京	—	—	阶梯气价在 2.5 ～ 3.5 元 / 立方米	天然气	
南昌	—	—	阶梯气价在 3.2 ～ 4.16 元 / 立方米	天然气、空气源	
宣城	—	—	阶梯电价在 0.5503 ～ 0.5653 元 / 千瓦时	电力	

通过分析，我们可以清晰地发现，每个城市走出了不同的供暖模式，如合肥市的市政集中模式、贵阳市的央企主导模式、武汉市的默许经营模式，而杭州市等东部城市则走上了市场自发的分户模式。南方城市的供暖模式殊途同归，我们可以从以下角度进行分析：

热源成本是制约城市供暖发展的因素之一。居民供暖所需的热源成本越低，城市发展供暖事业的阻力就会越小。上述城市中，贵阳民用供暖发展虽然较晚，但城市拥有丰富的水能资源、煤炭资源，其供暖成本相对于传统能源来说更低。因此，近几年居民供暖规模逐渐扩大，走出了多能互补的绿色供暖之路。合肥坐落在产煤大省安徽，在省政府的支持下，淮南、淮北煤矿可以通过成熟的生产线运输到合肥，省内煤炭的供给减少了外购资源的成本和风险。大型工业企业的进驻让合肥搭建起了稳定的“3+2”热源供应格局，再加上城市丰富的工业余热，也为居民部门开展供暖提供了低成本的可靠热源。作为我国重要的工业基地，武汉很早就已拥有稳定的城市热源站，现如今，城区内已建成的热电厂、热电工程、天然气能源站及城市拥有的江水资源可以为居民部门创造出成本较低的热源。当资源短缺引发热源成本较高时，城市往往综合供暖成本、效率、稳定性等因素，选择最合适的能源。杭州就是典型的能源资源较为紧缺的城市，城市生产热的基础能源需要通过外购的方式满足，市场运营成本相对较高。天然气凭借供暖成本低、热效高、系统稳定、可提供采暖和生活热水等优点，在杭州供暖市场上备受青睐。

城市的热源成本也是政府规划民用供暖的重要考量因素。但即便获得热源的成本低、拥有稳定的热源，政府是否需要介入、需要介入多少的问题在各地之间也存在不同的答案。根据调研，我们发现政府介入的深度和广度会影响市场规模和行业的一体化程度。在上述典型城市中，政府的介入程度可分为高、中、低三个层次：合肥、贵阳为高，武汉为中，杭州为低。合肥市以市政集中供热模式发展供暖，政府在其中的介入程度最高，这样一方面可以在城市建筑规划中尽可能地集中住宅区，统一规划民用供暖项目，提高用户供暖的开通率；另一方面，政府也可以将市场上的热电企业整合为一家市政企业，企业不仅生产热源还输送热源，实现供热行业上中游一体化，减少交易成本，提高供暖效率。当政府介入程度为中等时，城市供暖规划和配套措施往往相对较少，各部门之间尤其是上下游企业的沟通成本较高，这就需要借助政府之手打开市场的大门，由市场推动城市供暖的发展。武汉市即为政府先行规划，后将供热管道、供热市场的权责都以默许（特许）经营的方式下放给热电企业，而热电企业为了减少交易成本、扩张热源影响范围、扩大市场规模，建立起上中游一体化的热电市场，提高了行业的运行效率。当政府几乎不介入城市的民用供暖时，这就需要靠市场的力量推动供暖产业的发展。杭州市的民用供暖即由市场自发形成，居民需求差异大，行业上中游一体化程度低，在不具备区域集中供暖的条件下，杭州选择了分户式供暖。

保民生还是保效率，这将是城市供暖持续面临的问题。保民生意味着城市要尽可能地为居民用户提供清洁、低价的供暖服务，而保效率要尽可能地还原供暖的成本，体现商品的价值。目前来看，贵阳市是最符合保民生的城市，它不仅使用清洁能源，并且与其他使用传统能源的城市相比，其居民采暖的成本更低。但是贵阳市也是四个城市中经济发展最落后的地区，目前的采暖成本是否能被当地居民接受还需要进一步的调查。合肥市政府在面临煤炭价格上涨时，选择为居民保价，让政府或者市政企业承担价格倒挂的风险。但目前合肥市更多地以煤炭资源供热，清洁的复合型能源利用项目刚刚起步，未来城市在面临供应风险时该如何抉择值得关注。杭州市是更倾向于保效率的城市。由于政府介入少，市场自发选择了清洁高效的天然气分户式供暖，供暖市场的运营成本由企业和居民用户共同承担。

城市选择什么模式开展民用供暖？问题的答案不是唯一的。这需要地方政府充分考虑好城市的资源禀赋与热源成本、市场发展能力与政府介入程度、民生和效率问题，以及城市历史遗留问题等。在综合考虑以上问题后，各地方政府需要根据自身的特点选择类型相近的模式，再因地制宜地发展本地供暖。

第 4 章　南方百城供暖市场潜力评估

通过对当前南方城市已有供暖模式的分析可以发现，一方面南方城市居民对于供暖的需求日益增加，气候条件、经济发展条件等成为影响供暖需求的重要因素；另一方面，热源成本是制约城市供暖发展的因素之一，而南方地区丰富多样的资源禀赋，为因地制宜发展多种供暖模式提供了条件。同时，在供给和需求条件日益成熟的情况下，政府成为各城市发展供暖市场的重要调节力量。因此，本章我们将建立一个详尽、多指标的指数评估框架，试图探究南方哪些城市具有发展供暖的潜力。基于该评估框架，我们选取了 133 个夏热冬冷地区的南方城市，计算供暖指数并进行排序，以期找到最适合发展供暖的一批城市，为当地政府制定相应政策提供参考。

4.1　研究城市界定

本报告共选取了 133 个南方城市作为研究样本（表 4.1），这些城市集聚了全国约 14% 的人口和 27% 的经济产出，且具有丰富的地热能、太阳能、水资源等资源。对于城市的选择，我们参考了以下标准：第一，夏热冬冷地区划分。目前在谈及南方供暖问题时，多数学者认同并不是所有南方地区都需要供暖，但“夏热冬冷”地区却可以考虑进行供暖。“夏热冬冷”地区是指我国最冷月平均温度满足 10℃以下，最热月平均温度满足 25～30℃，日平均温度≤ 5℃的天数为 0～90 天，日平均温度≥ 25℃的天数为 49～110 天的地区，是我国气候分区五个区中的一个。根据《民用建筑热工设计规范（GB 50176—2016）》中的规定，“夏热冬冷地区”主要包括上海市、重庆市、湖北省、湖南省、江西省、安徽省、浙江省的全部，四川省和贵州省两省东半部，江苏省、河南省两省南半部，福建省北半部，陕西省、甘肃省两省南端，广东省北端、广西壮族自治区北端。第二，根据目前南方供暖的开展情况，我们发现，除了合肥、杭州、武汉等南方城市已经开始进行供暖外，昆明、六盘水等纬度较低的城市也出现了居民分户式的供暖。

表 4.1　研究样本城市名单

代码	城市	代码	城市	代码	城市	代码	城市
1	上海	36	亳州	71	湘潭	106	恩施土家族苗族自治州
2	南京	37	池州	72	衡阳	107	仙桃
3	无锡	38	宣城	73	邵阳	108	潜江
4	常州	39	三明	74	岳阳	109	天门
5	苏州	40	南平	75	常德	110	湘西土家族苗族自治州
6	南通	41	宁德	76	张家界	111	自贡
7	淮安	42	南昌	77	益阳	112	攀枝花
8	盐城	43	景德镇	78	郴州	113	泸州
9	扬州	44	萍乡	79	永州	114	乐山
10	镇江	45	九江	80	怀化	115	眉山
11	泰州	46	新余	81	娄底	116	宜宾
12	杭州	47	鹰潭	82	韶关	117	雅安
13	宁波	48	赣州	83	桂林	118	凉山彝族自治州
14	温州	49	吉安	84	重庆	119	贵阳
15	嘉兴	50	宜春	85	成都	120	六盘水
16	湖州	51	抚州	86	德阳	121	安顺
17	绍兴	52	上饶	87	绵阳	122	毕节
18	金华	53	南阳	88	广元	123	黔西南布依族苗族自治州
19	衢州	54	信阳	89	遂宁	124	黔东南苗族侗族自治州
20	舟山	55	周口	90	内江	125	黔南布依族苗族自治州
21	台州	56	驻马店	91	南充	126	昆明
22	丽水	57	武汉	92	广安	127	曲靖
23	合肥	58	黄石	93	达州	128	玉溪
24	芜湖	59	十堰	94	巴中	129	保山
25	蚌埠	60	宜昌	95	资阳	130	昭通
26	淮南	61	襄阳	96	遵义	131	丽江
27	马鞍山	62	鄂州	97	铜仁	132	楚雄彝族自治州
28	淮北	63	荆门	98	汉中	133	大理白族自治州
29	铜陵	64	孝感	99	安康		
30	安庆	65	荆州	100	商洛		
31	黄山	66	黄冈	101	徐州		
32	滁州	67	咸宁	102	连云港		
33	阜阳	68	随州	103	宿迁		
34	宿州	69	长沙	104	福州		
35	六安	70	株洲	105	商丘		

4.2 评估框架及指标构建

4.2.1 评估框架

本报告的市场评估包括对三个主要方面的分析：需求、供给以及政策环境。对于居民供暖市场，需求方为居民，供给方为各类供暖企业，此外还需考虑市场的重要调节力量——政府。

从需求方来看，外部的气候寒冷程度会使得居民主观上产生对供暖服务的需要。然而，要使这种主观需要变成实际的市场需求，需要居民有一定的支付能力，本报告从收入和资产水平两方面进行衡量。此外，发展供暖的过程中必须考虑到热负荷规模的稳定性，因此我们将居民需求的互补需求也纳入分析，主要包括餐饮住宿企业、商贸零售企业以及其他工业企业的供暖需要。

从供给方来看，热力的供给大体上可以分为三种模式，一种是政府主导型集中供暖模式，即目前我国北方绝大多数城市采用的方式，该模式的热力来源往往是电厂、热厂、热电厂等大规模产热的单位，并且需要政府花费较高的成本修建完善的热力管网；第二种是政府指引、区域自治的供暖模式，通常在城市内的小范围区域开展，除了传统的热源，可以采用的热源还包括太阳能、地热能，以及借助水源热泵进行发热的河流、中水资源等。第三种模式是居民自主发展的分户自供暖模式，一般采用天然气、电力供暖或者空气源热泵的方式。这些模式在各地的适用性取决于当地的热源情况、资源丰裕度、基础设施水平等。此外，为了反映未来的供给潜力，我们加入了城市创新能力指标。最后，环境约束一定程度上决定了地区发展的高度，影响供给扩张的边界，也是供给维度的一个重要因素。

政策环境方面，首先需要考虑当地政府进行基础设施建设的意愿，其次是政府的财政收入水平。此外，发展供暖可能需要政府和企业深度合作，因此我们也将政府治理下企业的交易成本纳入考量，用政商关系指数来衡量。

综上，需求方面主要考虑的三个维度是：供暖需要、支付能力及互补热负荷需求；供给方面主要考虑的三个维度是：创新能力、供给能力及环境约束；政策环境方面主要考虑的三个维度是：政府建设意愿、政府财政能力及企业交易成本。供暖市场评估框架如图 4.1 所示。

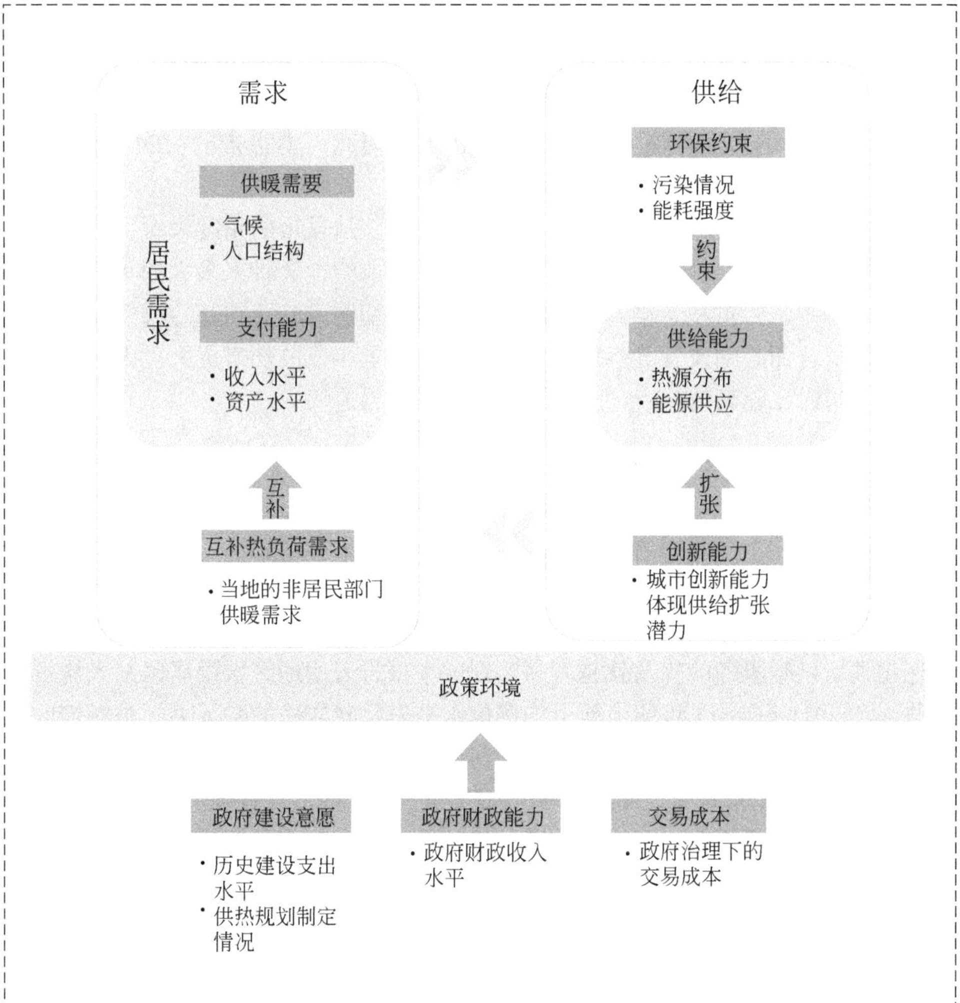

图 4.1　供暖市场评估框架

4.2.2　指标构成

（1）供暖需要

决定供暖需要的重要因素是外部气候环境，本报告从两个角度考量：寒冷的峰值和持续性。衡量寒冷程度最重要的是基于居民的切身感受，目前较为简单机械的南北划分，并没有考虑到不同地区居民的实际感受，因此在衡量寒冷的峰值方面，本报告创新性地采用体感温度，选用每年平均气温最低的 1 月的体感温度作为指标。寒冷的持续性方面，本报告采用了每年 12 月到次年 2 月的采暖度日数（heating degree day，HDD）[①]进行衡量。居民电力消费的研究显示，当气温下降到 13℃时，居民会显著地增加对空调的使用，理想的居民供暖服务应当满足该部分供暖需要（Li et al.，2019），因此，本报告的 HDD 阈值选用 13℃。

决定供暖需求的另一个重要因素是人口结构。从城市的角度来看，人口因素的重要性不言而喻，这决定了政策在当地的推行能给社会带来多大的福利改善。在所有人群中，儿童和老年人的取暖需求是最迫切的，儿童在寒冷天气下的免疫力相对较低，而心脑血管等疾病在寒冷天气下对老年人的伤害更大。因此，儿童和老年人口占比越高的城市，对供暖服务的需要越迫切。

（2）支付能力

气候环境和人口结构直接决定了居民的供暖需求的迫切性，然而必须具有一定的支付能力才能将供暖需要变成实际的市场需求。由于供暖相对较高的成本，单纯依靠政府补贴难以保证供暖服务的可持续性。因此，居民自身对供暖的支付意愿越高，供暖服务的普及就越容易实现。本报告采用地区城镇居民的人均可支配收入和 2011 ～ 2017 年的当地平均房价水平来反映居民的购买力。虽然地区房价与收入水平有一定相关性，但是由于房产本身具有财富效应，在相同收入水平下，高房价地区的居民由于拥有更高价值的资产，往往具有较强的边际消费倾向。在南方地区，供暖作为一种可选消费，显然拥有较多财富的居民更倾向于支付供暖费用。

（3）互补热负荷需求

热负荷对规模稳定性有一定的要求。站在供热企业的角度，用热的主力更多是工商企业等单位而非居民家庭。因此，供热企业有较强的动力先满足大规模的工商业需求，再将剩余的热量用来给规模较小的居民部门供暖。如果工商企业用热需求越大，该地区的居民需求往往也越容易得到满足。在考量这部分非居民部门需求时，本报告将需热规模较大的餐饮酒店企业、商贸零售企业和部分需热工业企业（纺织、化工、生物、医药、电子制造等）纳入考量，采用该城市规模以上相应企业的工商业增加值与当地 GDP 之比来进行衡量。

---

①采暖度日数是指一个时间段中，当某天室外日平均温度低于某个阈值时，将日平均温度与该阈值的差乘以 1 天，所得出的乘积的累加值。

（4）供给能力

对供给能力的考量包含了三种主要的供暖模式：覆盖较大区域的集中供暖、小范围区域内分布式供暖和分户自供暖。

覆盖较大区域的集中供暖往往需要规模较大的集中性热源，本报告采用的指标是电厂、热电厂装机容量。

一定区域内的分布式供暖需具有较多可选的热量来源。出于分析的全面性，本报告考虑了地热资源、太阳能资源、河流资源和废水处理量指标。地热资源数据来自中国地质调查局的“地质云”数据库，我们根据其所绘的热流图（热流是指单位时间通过某一面积的热能）读出每个地级市的热流情况。太阳能资源数据来自国家气象局风能太阳能资源评估中心，根据地图读出相应城市太阳能资源。江水、河水、海水中蕴含的热能可以作为水源热泵的热能来源，河流资源数据来自各地的地图，干流赋值为 10 分，支流为 5 分，分值可累计。此外，污水里的热能同样可以利用，本报告采用城市污水处理量指标。

分户式自供暖往往采用电力和天然气，因此供给能力取决于城市对这两种资源的供应能力。供应能力应从基础设施覆盖面和可靠性两个角度考虑。电力供应覆盖面指标采用该地区输电线路密度，可靠性指标为变压器座数与用电量之比，反映了该地区的电力峰值负荷能力，由于这两个指标市级数据缺失，因此各省的地级市统一采用省级维度的数据。天然气方面，基础设施覆盖面指标为天然气管网密度，可靠性指标为天然气存储能力与天然气消费量之比。

（5）创新能力

技术进步和创新是一个经济体实现长期可持续经济增长的关键。供给能力指标体现了地区当前的情况，而城市创新能力可以用来衡量未来供给扩张的潜力。本报告采用了复旦大学研究团队《中国城市和产业创新力报告 2017》的城市创新力指数来反映城市创新能力，该指数主要基于专利数据和新成立企业注册资本总额计算得到。

（6）环境约束

供暖虽然提升了居民福利水平，但是产生的污染却会降低居民福利水平，因此该环境约束决定了地区供暖服务供给扩张的边界。环境约束以该地区 2015 ～ 2018 年的轻度污染（>200AQI>100）的天数以及能耗强度作为评估依据。轻度污染天数越多，能耗强度越高，说明该地区环保压力越大，该地区发展供热的潜在阻力就越大，因此在计算指数时这两个指标进行了负向处理。

（7）政府建设意愿

政府建设意愿从两方面进行衡量：现有的供热规划和城市维护建设支出水平。现有的供热规划反映了当地政府推进居民供暖的意愿，政府公布的供热规划越多，说明对供暖越重视，那么普及居民供暖服务的可能性相对越高。我们收集了各地政府的供暖专项规划和管理办法，并根据文件的级别进行赋值，市级文件取 100 分，区级文件取 70 分，针对示范区的文件取 30 分。

城市维护建设资金支出与 GDP 之比可以反映出政府在基础设施投资上的偏好，而且由于路径依赖和财政支出背后隐含的部门利益惯性，在新的预算中难以下调某一类支出而大多会维持原有的项目，因此该比例越高的地区理论上越容易推进供暖相关的基础设施建设。

（8）政府财政能力

财政收入水平反映了政府在推进城市供暖服务过程中的潜在投入能力，本报告采用财政收入与 GDP 之比来衡量。

（9）交易成本

由于提供大规模供暖服务可能需要政府和企业的深度合作，良好的政商关系保证了较好的市场环境，较低的交易成本。因此，政商关系一定程度上影响了该地区推进居民供暖的难易程度。本报告采用了中国人民大学研究团队发布的《中国城市政商关系排行榜 2018》中的各城市政商关系指数，对 133 个城市的政商关系健康程度进行评价。

本报告具体指标赋权及数据来源如表 4.2 所示。

表 4.2　指标赋权及数据来源

一级指标	二级指标	三级指标	数据来源
A. 需求（50%）	A1. 供暖需要（20%）	1 月平均体感温度（℃）	美国国家海洋和大气管理局
		12 月～次年 2 月采暖度日数（℃·日）	美国国家海洋和大气管理局
		儿童和老年人占总人口比例（%）	《中国城市统计年鉴》第六次全国人口普查

续表

一级指标	二级指标		三级指标	数据来源
A. 需求（50%）	A2. 支付能力（20%）		城镇居民人均可支配收入（元 / 人）	各地统计年鉴
			房价水平（元 / 平方米）	国家信息中心房地产信息网
	A3. 互补热负荷需求（10%）		需热企业（餐饮酒店、商贸零售、部分需热工业）工商业增加值 / GDP（%）	第二次全国经济普查
B. 供给（40%）	B1. 供给能力（30%）	集中性热源（10%）	电厂、热电厂装机容量（万千瓦）	《中国电力统计年鉴》各城市统计年鉴
		区域性热源（10%）	太阳能资源（千瓦时 / 平方米）	气象局风能太阳能资源评估中心
			河流资源（分数）	城市地图
			地热资源（兆瓦 / 平方米）	中国地质调查局“地质云”数据库
			污水处理量（万立方米）	《中国城市统计年鉴》
		电力、天然气供应（10%）	35kV 以上变压器座数 / 用电量（座 / 亿千瓦时）	《中国电力年鉴》
			供电线路密度（千米 / 平方千米）	《中国电力年鉴》
			天然气存储能力 / 天然气消费量	《中国城市建设统计年鉴》《中国城市统计年鉴》
			天然气供气管道密度（千米 / 平方千米）	《中国城市建设统计年鉴》
	B2. 创新能力（2%）		城市创新指数	复旦大学《中国城市和产业创新力报告 2017》
	B3. 环境约束（8%）		轻度污染天数（天）	生态环境部
			能耗强度（吨标准煤 / 元）	各省统计年鉴、城市政府工作报告
C. 政策（10%）	C1. 政府建设意愿（5%）	建设支出水平（2%）	城市维护建设资金支出 /GDP（%）	《中国城市建设统计年鉴》、国家统计局网站
		供热规划（3%）	是否有地方供热规划、管理办法等文件（分数）	各地政府规划
	C2. 政府财政能力（3%）		财政收入 /GDP（%）	《中国城市统计年鉴》
	C3. 交易成本（2%）		政商关系指数	中国人民大学《中国城市政商关系排行榜 2018》

注：由于数据可获得性，部分指标难以获得市辖区数据，因而以全市数据替代

基于选取的 133 个城市，城市 1 月平均体感温度最低可达到 –7℃，均值接

近 0℃；12 月～次年 2 月的采暖度日数平均约为 590℃ • 日；儿童和老年人在城市人口中的占比平均约四分之一；城镇居民人均可支配收入平均为 29 821 元；2011 ～ 2017 年各城市平均房价水平约为 4983 元 / 平方米；本报告界定的需热企业工商业增加值占 GDP 比例平均约为 15.81%；电厂、热电厂装机容量从几十万瓦到几千万瓦不等，平均为 319 万瓦；太阳能资源从每年 400 千瓦时 / 平方米到 1400 千瓦时 / 平方米不等；地热资源从 40 兆瓦 / 平方米到 90 兆瓦 / 平方米不等；轻度污染天数平均约为 64 天。数据的描述性统计如表 4.3 所示。

表 4.3　指标描述性统计

指标	单位	均值	标准差	最小值	最大值
1 月平均体感温度	℃	0.32	3.50	−7.09	11.17
12 月～次年 2 月采暖度日数	℃ • 日	588.58	196.92	45.83	995.85
儿童和老年人占比	%	26.96	4.13	17.71	40.74
城镇居民人均可支配收入	元 / 人	29 821	6713	20 813	54 305
房价水平	元 / 平方米	4 983	2621	2 684	18 886
需热企业（餐饮酒店、商贸零售、部分需热工业）工商业增加值 / GDP	%	15.81	8.46	3.44	40.20
电厂、热电厂装机容量	万千瓦	247.90	318.69	19.75	2 138.00
太阳能资源	十千瓦时 / 平方米	62.86	22.23	40	140
河流资源	—	6.09	4.92	0	20
地热资源	兆瓦 / 平方米	56.62	12.01	40	90
污水处理量	万立方米	22.56	26.27	1.49	153.09
天然气供气管道密度	千米 / 平方千米	0.01	0.02	3.90×10^{-6}	0.15
天然气存储能力 / 天然气消费量	—	0.21	0.47	5.09×10^{-4}	4.66
供电线路密度	千米 / 平方千米	0.41	0.22	0.19	1.53
35kV 以上变压器座数 / 输电线路长度	座 / 千米	1.36	0.31	0.52	1.82
轻度污染天数	天	63.74	43.14	0	158
能耗强度	吨标准煤 / 万元	2.07	2.05	0.05	18.28
城市创新指数	—	21.89	60.38	0.40	541.33

续表

指标	单位	均值	标准差	最小值	最大值
财政收入 /GDP	%	8.62	3.51	0.70	21.68
城市维护建设资金支出 /GDP	%	1.18	0.90	0.09	5.04
是否有地方供热规划、管理办法等文件	—	3.93	4.58	0	10
政商关系指数	—	29.50	13.46	3.50	83.37

4.3　标准化处理及指数计算

为了进行指数的构建，需要先对具体的指标进行标准化处理，一般采用的方法有 Z 值法和最大最小值法。Z 值法将每个指标都减去其均值并除以标准差，将每个指标处理成均值为 0，标准差为 1。该方法消除了不同指标变异程度的影响，即使方差较大的指标最终得到的无量纲化数值离散程度也和其他指标一样。此外，该种方法对于数量级跨度较大的数据不适用，会造成标准化后的数值出现较大的跳跃，部分区间没有数值分布的现象，不利于各个指标间的横向比较。最大最小值法可以根据数据分布的特点选择不同的标准化形式，如果数据本身跨度较大，可以采取幂函数、对数函数的形式，由于幂函数和对数函数大于 1 时比线性函数要平缓，能够使标准化后的数据较为均匀地分布在一定区间内，适用于本报告的要求，因此本报告采用了最大最小值法。

根据数据的特点，最大最小值法标准化处理有以下几种形式：线性变换适用于无极端值或奇异值（极端值为与平均值的差大于三倍四分位距的数值；奇异值为与平均值的差大于一点五倍四分位距的数值）的数据，例如平均体感温度、平均空气质量指数。对数据进行最大最小值法线性转化，使其结果介于 0 和 1 之间，为使结果便于解读，再乘以 100，公式如下：

$$K=\frac{(x-\min)}{(\max-\min)}\times 100 \tag{4.1}$$

对数函数变换主要应用于存在不同数量级的极端值的原始数据（极端值为与平均值的差大于三倍四分位距的数值）。例如，地区所有热源企业的营业收入、房价水平。这种数据若直接使用线性变换，易受到极端值的影响，而对数函数能够压缩数据的跨度，便于之后构建指数，对数函数变换公式如下：

$$K=\frac{\ln(x)-\ln(\min)}{\ln(\max)-\ln(\min)}\times 100 \tag{4.2}$$

幂函数变换幂函数主要应用于存在奇异值的原始数据（奇异值为与平均值的差大于一点五倍四分位距的数值），如政商关系指数、财政收入 /GDP。这种数据采用线性变换同样不能拉开差距，但其数据的跨度不如存在极端值的情况下那么大，因此适用于平缓程度介于线性和对数函数之间的幂函数，其转换公式如下，为避免负值影响计算，一般采用 1/3 次幂：

$$K=\frac{x^{\frac{1}{3}}-\min^{\frac{1}{3}}}{\max^{\frac{1}{3}}-\min^{\frac{1}{3}}}\times 100 \tag{4.3}$$

此外，对于数据中的 0 和负数不能取对数等特殊情况，我们进行了一定的处理（表 4.4）。对于湖北恩施土家族苗族自治州、湖南湘西土家族苗族自治州、四川凉山彝族自治州、贵州黔东南苗族侗族自治州等部分数据缺失的自治州，以及湖北省辖县级市中的天门市、潜江市、仙桃市等部分数据缺失的城市，采取周围城市的平均值作为替代。

表 4.4　各项指标处理方法

指标	标准化形式	特殊处理
1 月平均体感温度（℃）	对数	负数不能取对数，整体加 10 后标准化
12 月～次年 2 月采暖度日数（℃·日）	线性	—
儿童和老年人占比（%）	线性	—
城镇居民人均可支配收入（元 / 人）	线性	—
房价水平（元 / 平方米）	对数	—
需热企业工商业增加值 /GDP（%）	幂函数	—
电厂、热电厂装机容量（万千瓦）	对数	—
太阳能资源（分数）	线性	—
河流资源（分数）	线性	直接给不同的水平赋值打分
地热资源（兆瓦 / 平方米）	线性	—
污水处理量（万立方米）	对数	—
35kV 以上变压器座数 / 用电量（座 / 亿千瓦时）	线性	无地级市数据，各地级市均采用省级层面数据
供电线路密度（千米 / 平方千米）	对数	无地级市数据，各地级市均采用省级层面数据
天然气存储能力 / 天然气消费量	对数	—
天然气供气管道密度（千米 / 平方千米）	对数	—

续表

指标	标准化形式	特殊处理
城市创新指数	对数	—
轻度污染天数（天）	对数	0 不能取对数，整体加 1 再标准化
能耗强度（吨标准煤 / 元）	对数	—
城市维护建设资金支出 /GDP（%）	幂函数	—
是否有地方供热规划、管理办法等文件（分数）	对数	直接给不同的水平赋值打分
财政收入 /GDP（%）	赋值	—
政商关系指数	幂函数	—

4.4　南方百城供暖市场评估分析

基于构建的南方百城供暖市场评估指标体系，对南方 133 个城市的供暖市场进行了评估，并从总体供暖指数、需求指数、供给指数和政府指数四个方面对市场评估结果进行分析。

4.4.1　供暖指数分析

1）从区域分布来看，东部沿海地区供暖指数最高，华中地区供暖指数次之，西南地区供暖指数最低。根据南方城市供暖市场的评估结果，我们绘制了供暖指数图（图 4.2）。东部沿海地区由于经济发达、城市基础设施较好，政府政商关系指数较高，因而具有较高的供暖指数。西部地区在各方面都落后于东部地区，因而整体来看其供暖指数较低，但部分省会城市，如成都、昆明、贵阳凭借其自身较高的经济发展水平和资源优势，也具有较高的供暖指数。

2）从城市排名来看，供暖指数较高的城市主要分布在长三角地区。如表 4.5 所示，供暖指数排名前 20 的城市，分别为上海、南京、苏州、无锡、杭州、合肥、镇江、常州、武汉、宁波、扬州、南通、绍兴、嘉兴、长沙、连云港、泰州、徐州、舟山、金华。整体来看，这些城市大多属于我国南方地区经济发展水平较高地区，随着居民收入水平的提高，居民对美好生活的追求日益提高，供暖成本对居民供暖需求的影响可能已经超越了实际气温的影响。

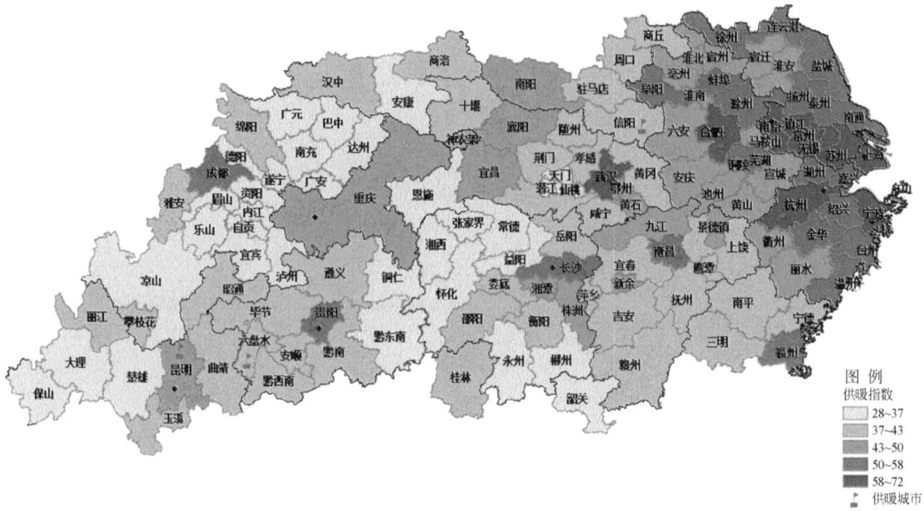

图 4.2　南方百城供暖指数空间分布

表 4.5　南方百城供暖指数及分项指标（前 20 名）

城市	供暖指数	需求指数	供给指数	政府指数
上海	71.88	70.52	76.10	61.78
南京	66.31	64.37	62.95	89.45
苏州	63.94	67.00	62.88	52.91
无锡	63.78	63.29	60.63	78.84
杭州	62.95	65.48	61.75	55.13
合肥	60.84	57.58	59.41	82.79
镇江	60.37	57.31	61.65	70.53
常州	60.23	57.67	61.80	66.74
武汉	60.15	55.66	60.82	79.95
宁波	58.78	59.12	54.59	73.86
扬州	57.55	53.65	59.45	69.48
南通	57.06	55.13	62.09	46.58
绍兴	56.20	58.31	51.43	64.69
嘉兴	55.43	54.93	50.61	77.23
长沙	55.35	48.81	58.22	76.64

续表

城市	供暖指数	需求指数	供给指数	政府指数
连云港	54.74	53.09	59.08	45.61
泰州	54.54	57.48	54.55	39.73
徐州	54.07	49.28	55.53	72.20
舟山	53.50	54.49	52.75	51.52
金华	53.48	50.49	51.65	75.72

3）从分项指标得分来看，前 20 名城市具有不同的比较优势，由表 4.5 可以发现：

第一，供暖市场指数较高的城市大多依靠较高的需求指数拉动。特别是排名前 5 的城市，在供暖需求上显著高于其他城市。一方面这些城市的经济发展水平较高，居民在具备一定的经济条件后对于供暖的需求提高，如上海、苏州、杭州等；另一方面部分城市位于“秦岭—淮河线”附近，低温使得这类城市的供暖需求呈现相对较高的趋势，如连云港等。

第二，虽然部分城市具备了较高的供暖需求，但并不是所有城市的供给与需求相匹配。排名前二十的城市大多具有较高的供暖需求，但是我们发现，像宁波、绍兴、嘉兴等城市的供给条件低于其他城市。而对于上海、南京、苏州、杭州等排名靠前的城市既有较高的供暖需求，也具备较好的供暖条件，这为发展南方城市供暖提供了发展基础。同时，有些城市具有较好的供暖条件，但是城市的供暖需求却并不高，如长沙、徐州。

第三，政府指数的高低与供暖总指数并没有呈现明显的规律性关系。排名第一的上海政府指数仅有 61.78，供暖指数排名前五的城市里也仅有无锡和南京的政府指数相对较高。同时政府成为部分城市发展供暖的重要力量，如金华、徐州、长沙、嘉兴等城市，供给和需求指数在前 20 城市中排位靠后，但拥有较高的政府指数，从而拉动了其供暖总指数的得分。

在了解了南方供暖市场潜力排名前 20 城市的具体情况后，接下来我们分别分析需求指数、供给指数和政府指数较高的城市，从而挖掘更多城市发展供暖的自身优势。

4.4.2　需求指数分析

1）从区域分布来看，东部沿海城市的供暖指数明显高于内陆城市，并形成了以长三角、长江中游主要城市为核心的高水平供暖需求区，以川渝和云贵地区省会城市为核心的中等水平供暖需求区。根据南方城市供暖市场的评估结果，绘制了南方百城需求指数图（图 4.3）。东部沿海地区的需求指数较高，一方面得益于长三角城市群和长江中游城市群经济发展水平较高城市的拉动，如上海、宁波、苏州、杭州、武汉等城市，其经济发展水平均位居全国前列，居民对于供暖的支付能力较强；另一方面，相较于同纬度的内陆省份，湖北、江苏由于地处中东部沿江地区，其冬季空气湿度大于内陆，因而体感温度会低于内陆地区，从而拉高了城市的供暖需求。

图 4.3　南方百城供暖的需求指数空间分布

2）从城市排名来看，需求指数排名前 20 的城市分别为：上海、苏州、杭州、南京、无锡、宁波、绍兴、常州、合肥、泰州、镇江、武汉、南通、嘉兴、舟山、扬州、连云港、湖州、九江、盐城（表 4.6）。排名前 20 的城市中，大都均位于长三角和长江中游城市群，这些城市大多属于一、二线城市，这也说明城市经济发展水平是决定城市供暖需求的重要因素。与总供暖指数排名相比，湖州、九江和盐城并没有位列前二十名，但具体到供暖需求方面，其排名分别为 18、19 和 20 名，这说明这三个城市的需求因素是其发展供暖市场的优势条件。但对于长沙、徐州和金华这三个总指标位列前 20 的城市，在具体到供暖需求时，却跌出了前 20 的排名。

图 4.4 报告了需求指数排名前 20 的城市，均值线是需求指数排名前 20 城市的平均水平（下同）。通过比较各城市与平均水平的差异，可以判断各城市在该指标的优势或劣势情况。由图 4.4 可知，上海、苏州、杭州、南京、无锡、宁波、绍兴的供热指数高于平均供热指数，其中上海、南京、苏州、杭州、无锡由于其

较高的经济发展水平，使其需求指标遥遥领先，宁波、绍兴的需求指数由于经济略低于上海等城市，因而其需求指标只是略高于平均水平。常州、合肥、泰州、镇江、武汉、南通、嘉兴、舟山、扬州、连云港、湖州、九江、盐城的需求指数低于平均水平，除经济发展水平外，部分城市如舟山、扬州因其纬度较低，体感温度明显高于其他城市，在供暖需求方面拉低了得分。为了详细探究各城市供暖需求得分的原因，进一步对供暖需求的子指标得分情况展开分析。

表 4.6　南方百城供暖的需求指数排名（前 20 名）

排名	城市	需求指数	排名	城市	需求指数
1	上海	70.52	11	镇江	57.31
2	苏州	67.00	12	武汉	55.66
3	杭州	65.48	13	南通	55.13
4	南京	64.37	14	嘉兴	54.93
5	无锡	63.29	15	舟山	54.49
6	宁波	59.12	16	扬州	53.65
7	绍兴	58.31	17	连云港	53.09
8	常州	57.67	18	湖州	53.01
9	合肥	57.58	19	九江	51.81
10	泰州	57.48	20	盐城	51.11

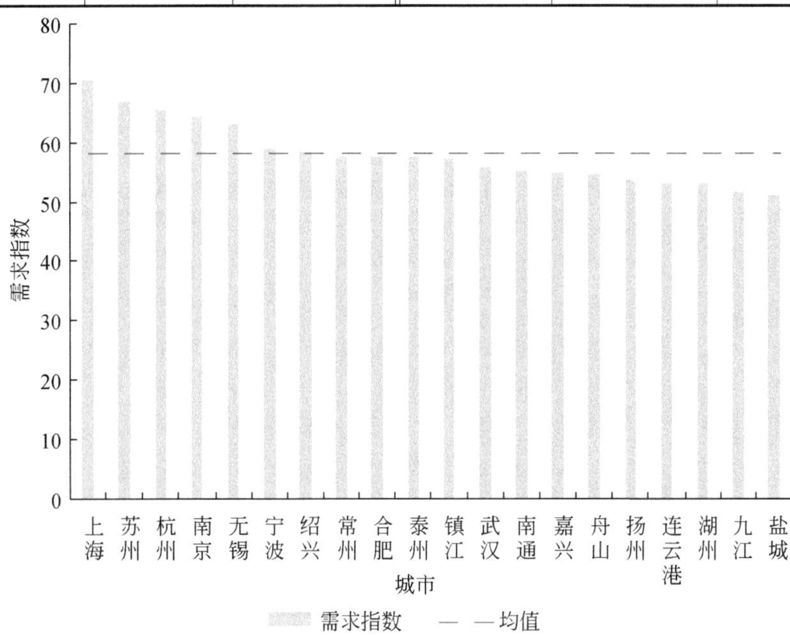

图 4.4　中国南方百城供暖的需求指数分析

需求指标由供暖需要、购买力和需求热负荷三个子指标构成。

第一，从供暖需要来看，九江、连云港、盐城的供暖需要较高。由图 4.5 可知，合肥、泰州、南通、扬州、盐城、连云港、九江的需求指数高于前 20 城市的平均需求指数，特别是九江、连云港和盐城，为前 20 城市中供暖需要最高的城市，但在总指标中，这三个城市的排名并不靠前。上海、苏州、杭州、南京、无锡、宁波、绍兴、常州、镇江、武汉、嘉兴、舟山、湖州的供暖需要指数低于平均水平，但从总指标来看，这些城市的排名较高，说明当前发展南方供暖已不再是简单地根据温度等条件判断，还需要考虑城市的需求，不能忽视这些供暖需求较大的城市。

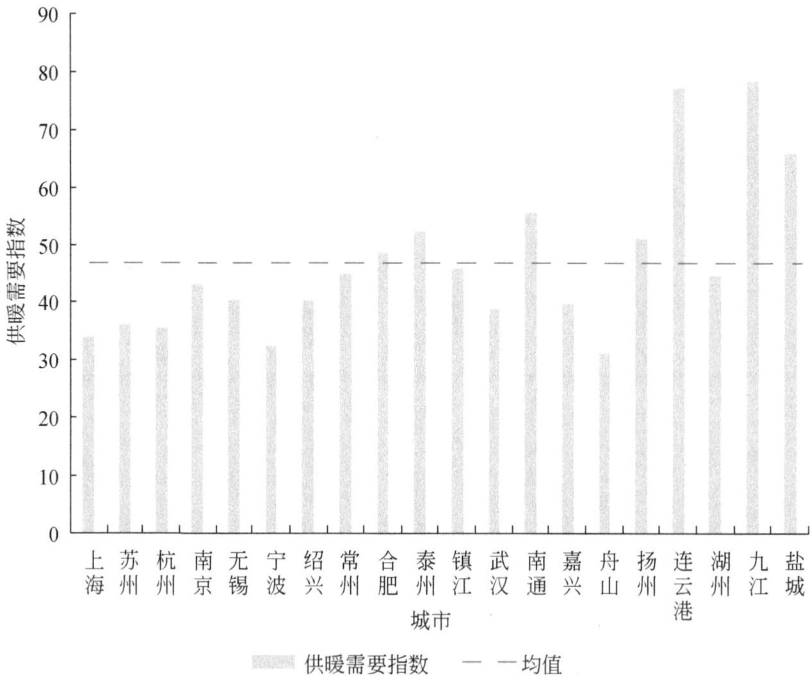

图 4.5 中国南方百城供暖需要指数分析（前 20 名）

供暖需要由 1 月平均体感温度、12 月至次年 2 月的平均 HDD 和老年儿童人口占比三个子指标构成。结合表 4.7 发现，体感温度排名前五的城市分别是九江、连云港、盐城、南京、镇江、扬州和南通，HDD 指标排名与体感温度排名基本一致。盐城、连云港等相对于其他城市纬度较高，因而体感温度和 HDD 得分较高，从而拉高了其供暖需要得分。从老年和儿童人数占比来看，连云港、九江、南通、泰州和盐城位列前五名，南通、九江等城市由于较多的老年和儿童人数，拉高了其供暖需要，但总体来看，盐城、连云港和九江不仅在气候条件上对供热有较高的需求，实际人口也存在较高的需求。而对于那些得分低于平均水平的城市，大多处于较为温暖地区，体感温度较高从而拉低了总体得分，同时较少的老年和儿童人口占比，也在一定程度上减少城市的供暖需求。

表 4.7　中国南方百城供暖需要子指标分析（前 20 名）

城市	供暖需要	体感温度	HDD	老年儿童人口占比
上海	34.18	38.21	59.87	4.47
苏州	36.04	43.07	65.04	0.00*
杭州	35.55	37.15	57.76	11.72
南京	43.29	51.81	73.80	4.26
无锡	40.57	45.45	67.57	8.99
宁波	32.46	32.67	53.45	11.25
绍兴	40.37	38.42	60.93	21.75
常州	44.92	48.37	70.89	15.50
合肥	48.71	51.28	74.01	20.84
泰州	52.24	48.37	70.89	37.47
镇江	45.81	51.53	73.14	12.77
武汉	38.89	46.47	68.47	1.74
南通	55.51	51.10	74.54	40.90
嘉兴	39.83	39.47	61.74	18.28
舟山	31.34	30.46	50.64	12.94
扬州	51.04	51.53	73.14	28.44
连云港	77.30	87.29	97.20	47.42
湖州	44.59	44.89	67.82	21.06
九江	78.48	90.12	98.67	46.63
盐城	65.98	70.65	89.90	37.39

*0.00 是标准化后结果，代表老年儿童人口占比在所有城市中最少

第二，从购买力上看，上海、苏州、南京、杭州等经济发展水平较高的城市购买力指数高。购买力由城镇人均可支配收入和年均房价两个子指标组成。

由图 4.6 可知，上海、苏州、南京、杭州、无锡、宁波、绍兴、常州、舟山的购买力指数高于平均水平，这主要得益于城市自身的经济发展水平较高，特别是上海、苏州、杭州等一线城市，其购买力指数显著高于平均水平，因而居民的人均可支配收入与房价高于平均水平。合肥、泰州、镇江、武汉、南通、嘉兴、扬州、连云港、湖州、九江、盐城的购买力指数低于前 20 城市的平均指数，这也与其自身经济发展水平有关。与供暖需要得分情况（图 4.5）比较可以发现，供暖需要比较高的城市，如盐城（第 3 名）、连云港（第 2 名）、九江（第 1 名），在购买力方面却呈现相反的状态，排名分别为第 18、第 19、第 20 名。

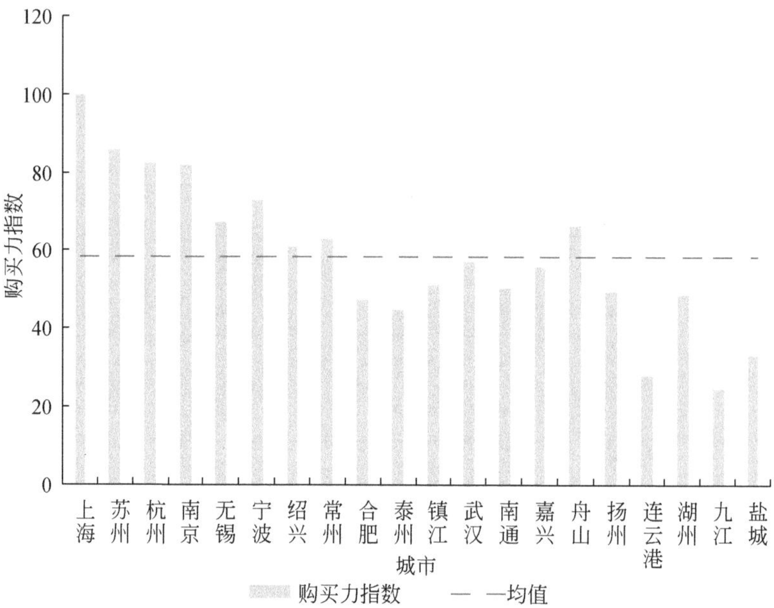

图 4.6　南方百城购买力指数（前 20 名）

购买力指标由可支配收入和平均房价两个指标计算得到。从表 4.8 可以发现，可支配收入排名前五的城市分别是上海、苏州、南京、无锡、杭州；房价排名前五的城市分别是上海、杭州、南京、宁波、苏州。上海、苏州、杭州等城市的购买力指标之所以得分较高是因为，一方面这些城市属于我国一、二线城市，经济发展水平较高，居民的人均收入高于其他城市；另一方面，房价水平也反映了一个地区的发展情况，发达地区一般都具有较高的房价水平。而对于排名靠后的几个城市，在经济发展方面不占优势，导致城市居民由于经济水平有限，在满足当前生活的情况下，对于供暖的需求会相对较少。因此，部分城市虽然在地理位置、气候条件等方面具备较好的供暖发展条件与供暖需要，但是由于经济条件的限制，这些地区居民的实际供暖需求会被削弱。

表 4.8　南方百城购买力子指标分析（前 20 名）

城市	购买力	可支配收入	房价
上海	100.00	100.00	100.00
苏州	85.81	99.69	71.94
杭州	82.34	75.55	89.13
南京	82.11	87.14	77.08
无锡	67.65	78.13	57.17
宁波	73.21	71.15	75.28
绍兴	61.01	61.78	60.23
常州	63.14	77.03	49.25
合肥	47.35	41.92	52.79
泰州	44.73	49.70	39.76
镇江	51.39	61.24	41.53
武汉	57.13	56.50	57.75
南通	50.49	62.15	38.83
嘉兴	55.83	57.64	54.02
舟山	66.47	61.96	70.99
扬州	49.34	52.73	45.95
连云港	28.20	27.79	28.61
湖州	48.80	48.91	48.70
九江	24.81	27.46	22.17
盐城	33.36	39.39	27.33

第三，从互补热负荷需求上看，上海、苏州、杭州等工商业发展水平较高的城市具有较高的互补热负荷需求。图 4.7 报告了互补热负荷需求指标排名前 20 的城市，以及各城市互补热负荷需求指数与 20 个城市平均互补热负荷需求指数的差距。由图 4.7 可知，上海、苏州、杭州、无锡、宁波、绍兴、合肥、泰州、镇江、武汉、嘉兴的互补热负荷需求高于平均水平，这些城市经济发展水平较高，具有较好的工商企业的发展规模，拉高了其互补热负荷需求的得分。南京、常州、

南通、舟山、扬州、连云港、湖州、九江、盐城的互补热负荷需求低于平均水平，主要是因为需热的工业企业发展规模和商品零售发展规模低于平均水平，从而拉低了得分。

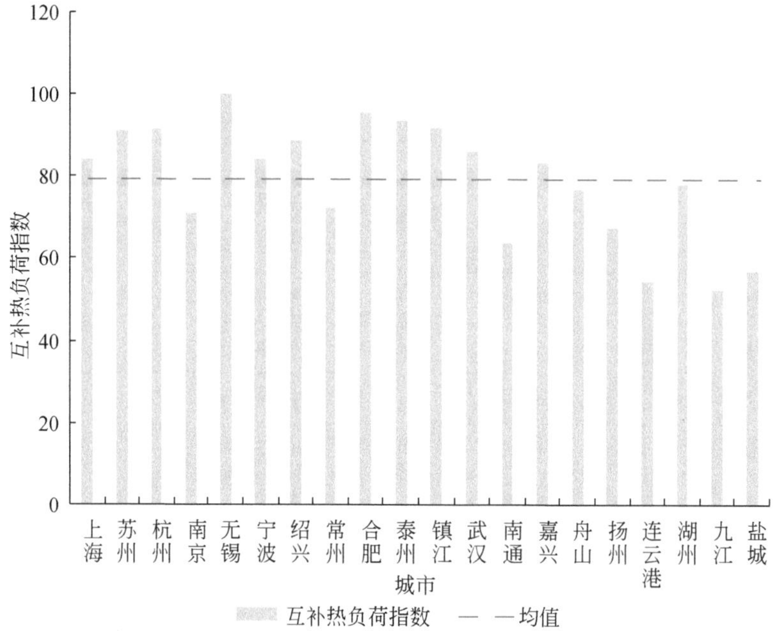

图 4.7　南方百城互补热负荷指数分析（前 20 名）

4.4.3　供给指数分析

1）从区域分布来看，长三角地区供给指数最高，这片区域是整个南方地区面积最大、得分最高的区域，是发展南方供暖供给条件最好的地区；与此同时中西部地区具有丰富的自然资源，形成了以武汉、成都、昆明等省会城市为核心的高水平供给区，这对于带动周围城市的供暖发展十分有利。根据南方城市供暖市场的评估结果，我们绘制了供给指数图（图 4.8）。由图 4.8 可以发现，长三角地区供给指数高，主要得益于城市已有较好的基础设施建设以及创新能力，为城市供暖能力提供了基础；此外中西部内陆地区的云贵地区和川渝地区，凭借其自身较好的天然气、地热能、太阳能的等资源，使其具有较高的供给能力。整体来看，各地区之间的禀赋差异造成了供给指数的分散性分布。

2）从城市排名来看，供给指数较大的城市主要是经济发达的城市。供给指数排名前 20 的城市分别为上海、南京、苏州、南通、常州、杭州、镇江、武汉、无锡、昆明、福州、扬州、合肥、连云港、淮南、玉溪、盐城、长沙、

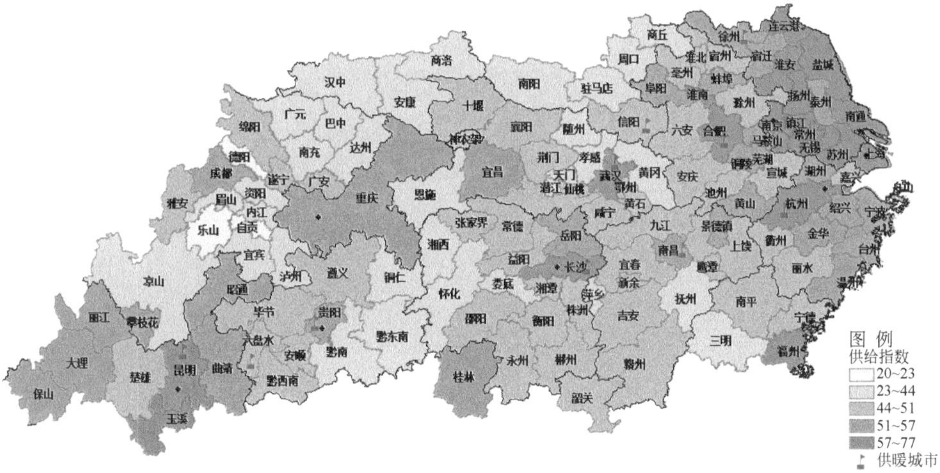

图 4.8　南方百城供给指数分布

淮安、丽江（表 4.9）。排名前 20 的城市中，上海、南京、苏州、杭州城市发展水平较高，能够为城市供暖提供较好的供给基础。与供暖总指数相比，排名前 20 的城市中，宁波、绍兴、嘉兴、泰州、徐州、舟山、金华都跌出了供给指数排名前 20 的行列。在供给指数排名方面，昆明、福州、淮南、玉溪、盐城、淮安和丽江成为新晋城市，这说明在发展供暖方面，这些城市相较于其他指标更具优势。为了进一步展开分析，我们接下来对城市供给指标的子指标展开分析。

表 4.9　南方百城供给指数排名（前 20 名）

排名	城市	供给指数	排名	城市	供给指数
1	上海	76.10	11	福州	60.06
2	南京	62.95	12	扬州	59.45
3	苏州	62.88	13	合肥	59.41
4	南通	62.09	14	连云港	59.08
5	常州	61.80	15	淮南	58.84
6	杭州	61.75	16	玉溪	58.75
7	镇江	61.65	17	盐城	58.68
8	武汉	60.82	18	长沙	58.22
9	无锡	60.63	19	淮安	57.29
10	昆明	60.16	20	丽江	56.69

由图 4.9 可知，上海、南京、苏州、南通、常州、杭州、镇江的供给指标高于平均水平，而武汉、无锡、昆明、福州、扬州、合肥、连云港、淮南、玉溪、盐城、长沙、淮安、丽江的供给指数低于平均水平。这主要是因为，一方面，经济发达的城市具有较好的电力、燃气基础设施以及成形的工商业发展规模，能够为供暖提供供给条件；另一方面，低于平均水平的城市，其在能源储备及基础管网建设方面还不完备，从而拉低了供给指数的得分。

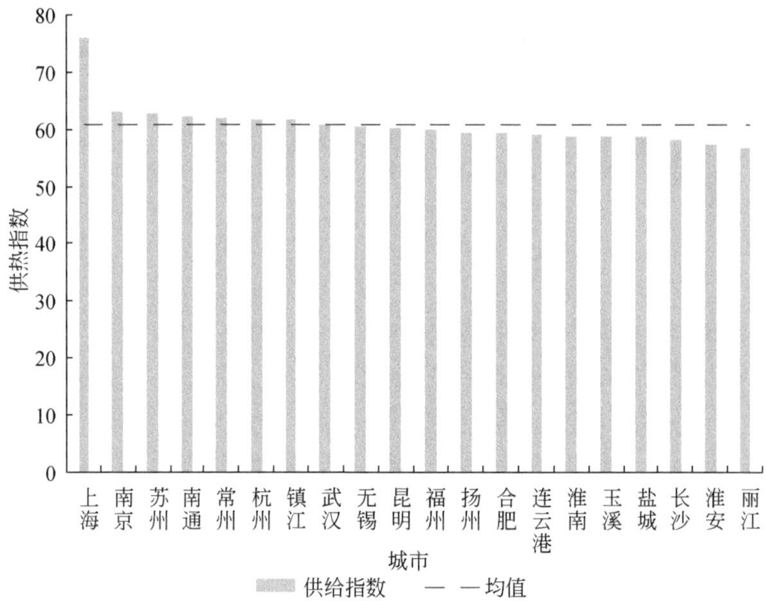

图 4.9　南方百城供给指数分析（前 20 名）

3）从分项指标得分来看，供给指数由供给能力、环境约束和创新能力三个子指标构成。

第一，供给能力指数由集中性热源、区域性热源和电力天然气供给三个子指标构成。从集中性热源上看，北方城市的供暖方式均为集中供暖，因此考察南方城市的集中性热源，有利于分析南方城市的供暖模式。该指标由各城市的热电厂、电厂的装机容量来表示。由图 4.10 可知，上海、南京、苏州、南通、杭州、淮南、镇江、无锡、福州、扬州、连云港、淮安、盐城的供给能力高于平均水平，其中上海具有较为显著的优势。较为发达的经济为工商业的发展提供了基础，这就对电厂、热电厂提出了更高的需求，同时又可以成为发展供暖的热源。昆明、玉溪、丽江等城市，由于所处地理位置以及受经济发展等条件限制，在集中热源方面显著低于其他前 20 名城市。

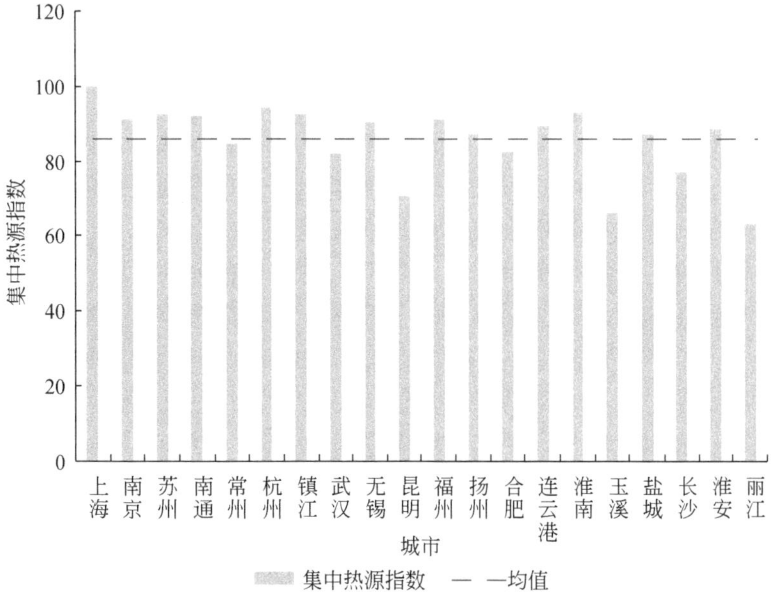

图 4.10　南方百城集中热源指数分析（前 20 名）

从区域性热源上看，区域性热源由地热资源、太阳能资源、河流资源以及污水处理量来衡量南方城市的区域性供热能力。由图 4.11 可知，上海、南通、镇江、

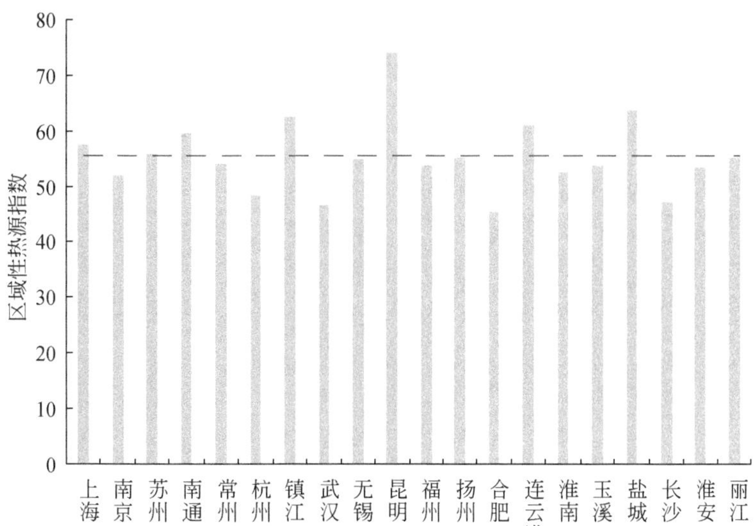

图 4.11　南方百城区域性热源指数分析（前 20 名）

昆明、连云港、盐城都具有较好的区域性供热条件，而合肥、武汉、杭州、长沙等城市的区域供热资源相对较差，拉低了城市供给指标。目前南方地区拥有较好的太阳能资源、河流资源、地热资源，但是其利用率还相对较低，对于发展供暖具有较大的潜力；同时城市的污水处理也能够为供暖提供热源，这在丹麦等不少西方国家已经成为成熟的应用经验，而在我国这样热能存在较大的浪费情况，这也说明，未来发展南方清洁供暖具有较大的资源条件。

从区域热源的子指标来看昆明、福州、盐城、南通、镇江、合肥、长沙、玉溪的地热资源较为丰富，同时昆明、玉溪的太阳能资源也较为丰富；丽江的太阳能资源是 20 个城市中最丰富的，且也是丽江发展区域供暖的优势资源；从河流资源来看，大多城市的得分都较高，但合肥由于地理位置的原因并没有河流资源，这极大拉低了合肥的区域供暖指标得分；污水处理量得分反映了城市在发展污水源热泵的潜在能力，从表 4.10 可以看出，上海的得分最高，南京、苏州、杭州、武汉等发达城市的条件也较好，但对于盐城、连云港、玉溪等城市来说，发展污水源热泵可能并不是一个好的选择。总体来看，昆明由于地处云贵高原地区，在地热、太阳能、河流等方面都具有优势条件，成为区域热源指标中得分最高的城市。

表 4.10　南方百城区域性热源子指标分析（前 20 名）

城市	区域热源	地热资源	太阳能资源	河流资源	污水处理量
上海	57.50	40.00	40.00	50.00	100.00
南京	52.01	20.00	40.00	50.00	98.05
苏州	55.82	20.00	40.00	75.00	88.26
南通	59.74	60.00	40.00	75.00	63.95
常州	53.93	20.00	40.00	75.00	80.71
杭州	48.50	40.00	20.00	50.00	84.01
镇江	62.64	60.00	40.00	75.00	75.57
武汉	46.54	0.00	20.00	75.00	91.15
无锡	54.78	20.00	40.00	75.00	84.13
昆明	74.15	80.00	80.00	50.00	86.61
福州	53.75	100.00	20.00	25.00	70.01
扬州	55.11	40.00	40.00	75.00	65.46
合肥	45.58	60.00	40.00	0.00	82.33

续表

城市	区域热源	地热资源	太阳能资源	河流资源	污水处理量
连云港	61.22	100.00	40.00	50.00	54.86
淮南	52.56	60.00	40.00	50.00	60.24
玉溪	53.63	60.00	80.00	25.00	49.51
盐城	63.80	100.00	40.00	75.00	40.19
长沙	47.33	60.00	20.00	25.00	84.33
淮安	53.49	40.00	40.00	75.00	58.98
丽江	55.14	20.00	100.00	50.00	50.56

从电力、天然气供应上看，由图 4.12 可知，上海、南京、苏州、常州、武汉、扬州、合肥、淮南的分户供暖水平高于平均水平，而南通、杭州、无锡、昆明、福州、连云港、玉溪、盐城、长沙、淮安、丽江的分户供暖低于平均水平，这主要是因为上海等城市具有较完善的管网系统，家庭获取电力和天然气的可能性更高，从而为发展分户供暖提供较好的基础，同时上海较高的经济发展水平也为其电力发展争取到了较好的投资条件。为了进一步探讨各城市得分情况，接下来从分户供暖的分指标对其展开分析。

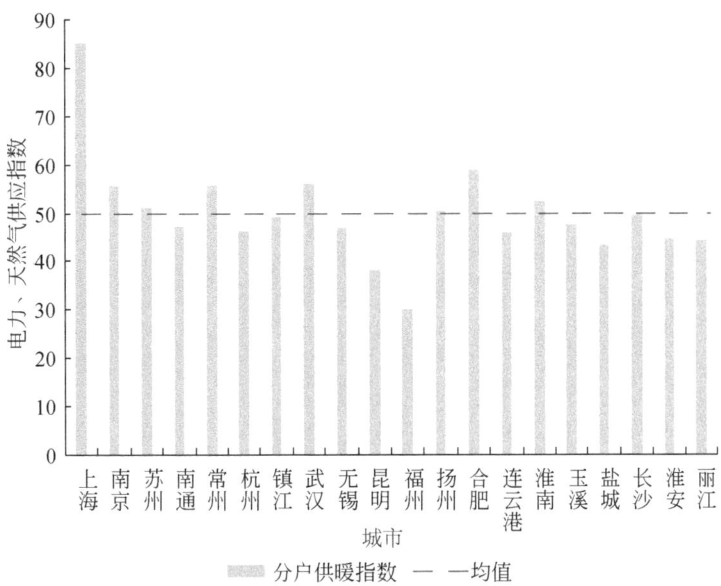

图 4.12　南方百城分户供暖指数分析（前 20 名）

分户供暖的居民主要使用电力和天然气采暖，因此该指标由天然气管道密度、天然气存储消费比、输电线路密度和变压器与用电量占比来表示。由表 4.11 可以发现，在天然气管道密度方面，玉溪、上海、丽江、长沙、杭州、南京得分较高。但在天然气存储消费比方面只有上海、常州得分较高，其他城市得分都在 50 分以下。天然气的消费一方面与各地的天然气资源禀赋有关，较多的资源禀赋为当地提供了丰富的资源利用基础，另一方面经济发展水平较高的城市对于天然气有较高的需求。因此，总体来看，在天然气存储消费比方面得分较高的城市要么天然气资源的储备较为丰富，要么是当地有较高的消费需求。从输电线路密度上来看，上海、南京、苏州、南通、常州、镇江、无锡等城市的得分都较高，这可能是因为经济活动较多，对电力的需求较高，因而具有较高的输电线路密度。在变压器与用电量占比中，合肥、淮南、昆明、玉溪、丽江、长沙等城市的得分显著高于上海、南京等经济发达城市。总体来看，上海由于在各方面都具有突出优势，成为分户供暖指标中得分最高的城市，而其他前 20 名城市由于在不同的指标上都存在一定的优势和劣势，所以在得分上差异较小。

表 4.11　南方百城分户供暖子指标分析（前 20 名）

城市	电力、天然气供应	天然气管道密度	天然气存储消费比	输电线路密度	变压器 / 用电量
上海	85.08	89.11	100.00	100.00	51.20
南京	55.74	72.94	41.73	73.09	35.19
苏州	51.26	60.18	36.60	73.09	35.19
南通	47.34	68.81	12.28	73.09	35.19
常州	55.57	60.16	53.83	73.09	35.19
杭州	46.41	76.78	31.59	55.95	21.33
镇江	49.22	56.23	32.39	73.09	35.19
武汉	56.11	70.94	45.73	32.53	75.23
无锡	46.99	53.96	25.72	73.09	35.19
昆明	38.22	48.16	9.31	7.20	88.23
福州	30.17	54.70	8.39	34.29	23.31
扬州	50.46	67.39	26.16	73.09	35.19
合肥	58.89	75.67	21.80	44.31	93.79
连云港	46.12	65.75	10.43	73.09	35.19

续表

城市	电力、天然气供应	天然气管道密度	天然气存储消费比	输电线路密度	变压器 / 用电量
淮南	52.45	58.83	12.86	44.31	93.79
玉溪	47.44	93.80	0.55	7.20	88.23
盐城	43.22	57.96	6.63	73.09	35.19
长沙	49.42	79.11	6.58	23.98	88.02
淮安	44.58	58.63	11.42	73.09	35.19
丽江	44.25	81.53	0.04	7.20	88.23

第二，从环境约束上看，当前环保已经成为各城市政绩考核的一个重要指标，而北方集中供暖模式对于环境的不利影响较大，可能导致一些南方城市为了保障环境而降低发展供暖的支持力度，不少南方城市居民也对供暖可能造成的环境污染表示担忧。鉴于此，我们使用城市污染水平和能耗强度对一个城市供暖的环境约束进行考察。由图 4.13 可知，上海、杭州、武汉、昆明、福州、玉溪、长沙、丽江的环境状况高于平均水平，特别是丽江、玉溪和福州，在环保方面受到的约束较小，进而拉动了前 20 城市的平均水平。而南京、苏州、南通、常州、镇江、无锡、扬州、合肥、连云港、淮南、盐城、淮安等大部分城市的环境条件相对较差，在未来发展供暖过程中，政府可能更加关注供暖对环境的影响，因此这些城市的环境约束得分低于平均水平，发展清洁供暖是减少供暖排放的必然要求。

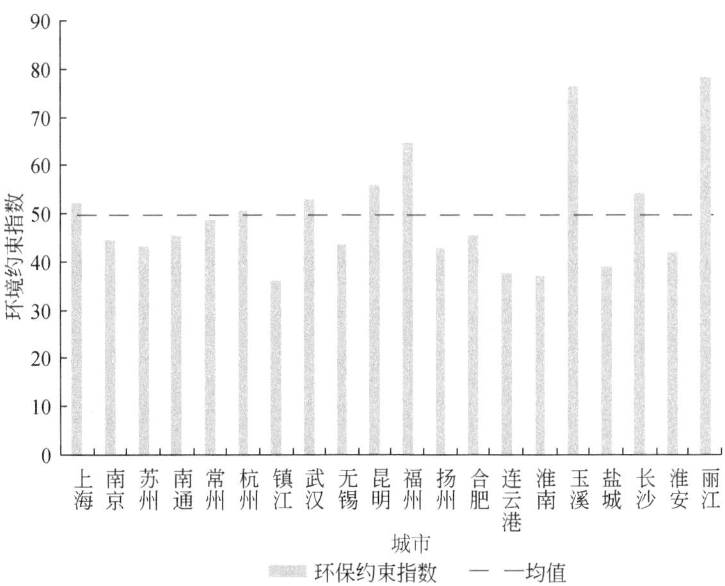

图 4.13　南方百城环境约束指数分析（前 20 名）

表 4.12 报告了环境约束得分及其子指标的得分情况。从轻度污染天数来看，排名前三的城市分别为丽江、玉溪、昆明，其他城市的得分都在 50 分以下，且大多处于 10 ～ 20 分的区间，这表明大多城市的环境污染状况不容乐观，这可能会在一定程度上削弱南方城市的实际供给能力和最终供暖的实施程度。从能耗强度来看，各城市间的排名差别不大，得分都相对较高，其中排名前五的城市分别是武汉、长沙、福州、常州和杭州，但昆明、丽江的能耗强度却较高，这可能是因为近年来随着各地对环保要求的提升，环境污染较为严重的城市能耗强度有了显著性的改善，而对于本身环境状况较好的城市来说，可能并没有采取力度较大的整改措施，从而导致这些城市的能耗强度得分较低。总体来看，丽江、玉溪和福州依靠显著的环境优势，成为环境约束指标中得分前三名的城市。

表 4.12　南方百城环境约束子指标分析（前 20 名）

城市	环境约束	轻度污染天数	能耗强度
上海	52.27	17.65	86.90
南京	44.56	8.19	80.93
苏州	43.13	11.23	75.04
南通	45.58	16.76	74.41
常州	48.79	4.28	93.30
杭州	50.59	11.01	90.18
镇江	36.20	4.59	67.81
武汉	53.05	8.00	98.10
无锡	43.52	8.57	78.48
昆明	55.99	64.65	47.33
福州	64.59	34.98	94.20
扬州	42.78	4.28	81.29
合肥	45.37	10.37	80.37
连云港	37.70	12.59	62.81
淮南	37.05	4.28	69.81
玉溪	76.46	78.33	74.59
盐城	38.92	9.95	67.89
长沙	54.38	13.31	95.45
淮安	42.01	6.56	77.46
丽江	78.16	100.00	56.32

第三，从创新能力上看，城市经济发展为创新提供基础。创新能力由城市的创新指数表示，创新能力反映了城市在环境约束下实现供暖可持续发展的能力。

由图 4.14 可知，创新能力高于平均水平的城市有上海、南京、苏州、常州、杭州、镇江、武汉、无锡、福州、长沙等，而创新能力低于平均水平的城市是扬州、连云港、淮南、玉溪、盐城、淮安、丽江等。可以发现，大部分创新能力较高的城市也是经济发展水平较高的城市，这是因为经济水平高的城市能够有更多的资金支持相关创新活动的开展，并且经济越发达，对于创新的需求越大，因而进一步推动了相关企业、行业创新的积极性。在碳中和的目标下，通过创新以实现绿色清洁供暖是必然选择。

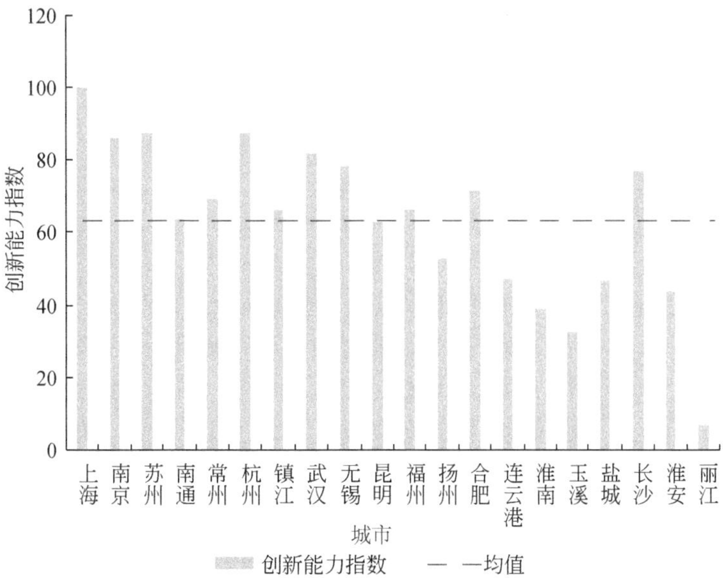

图 4.14　南方百城创新能力指数分析（前 20 名）

4.4.4　政府指数分析

1）从区域分布来看，“秦岭—淮河”沿线、浙江部分地区以及云贵地区的政府指数最高。根据南方城市供暖市场的评估结果，我们绘制了政府指数图（图 4.15）。由图 4.15 可以发现，东部沿海城市的政府指数不再具有较大的优势，政府指数较高的城市主要集中在安徽、江苏、湖北等“秦岭—淮河”沿线省份及云贵地区。这主要是因为“秦岭—淮河”线附近城市本身气温较低，政府为了满足人民群众的冬季生活需求，对于城市供暖具有较大的意愿；浙江部分城市由于其政府财政实力强劲，因而在供暖能力方面得分较高。整体来看，政府指数得分呈现出东高西低的特征，随着城市经济发展水平的提高，在有条件的情况下，政府有能力满足百姓日益增长的供暖需求。

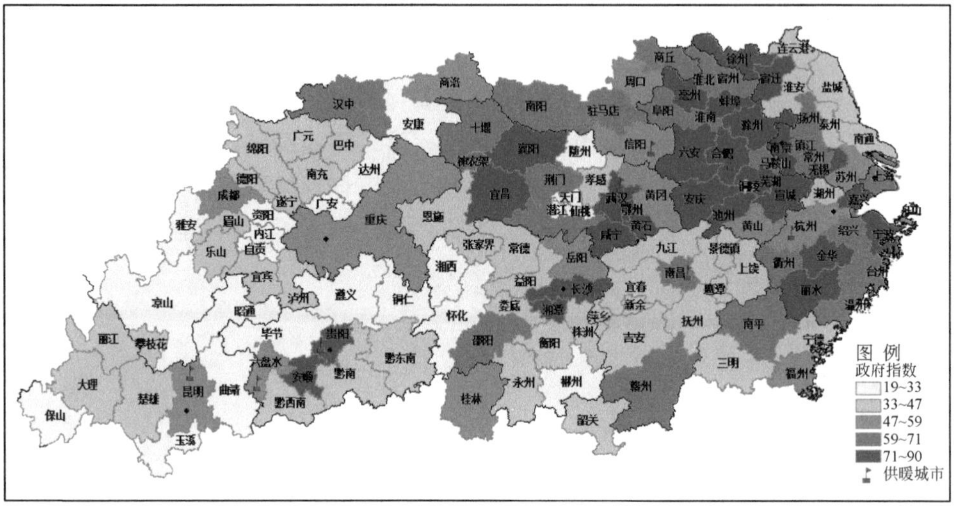

图 4.15　南方百城政府指数分布

2）从城市排名来看，政府指数较高的城市以省会和经济发达城市为主。表 4.13 报告了南方城市供暖政府指数的评估结果，政府指数排名前 20 的城市分别是南京、合肥、滁州、蚌埠、武汉、丽水、无锡、湘潭、池州、嘉兴、长沙、金华、六安、咸宁、黄石、宜昌、安顺、贵阳、宿迁、宁波。排名前 20 的城市大部分位于安徽、江苏两省，这说明安徽和江苏两省在供暖方面具有较高的建设热情，两省的大多城市无论是在政府财政能力还是建设意愿方面都表现出较高的水平，因而对于未来供暖的开展具有较强的引导和推动作用。

表 4.13　南方城市政府指数排名（前 20 名）

排序	城市	政府指数	排序	城市	政府指数
1	南京	89.45	11	长沙	76.64
2	合肥	82.79	12	金华	75.72
3	滁州	81.51	13	六安	75.37
4	蚌埠	80.98	14	咸宁	75.04
5	武汉	79.95	15	黄石	74.98
6	丽水	79.02	16	宜昌	74.79
7	无锡	78.84	17	安顺	74.70
8	湘潭	77.96	18	贵阳	74.43
9	池州	77.24	19	宿迁	74.28
10	嘉兴	77.23	20	宁波	73.86

由图 4.16 可以发现，南京、合肥、滁州、蚌埠、武汉、丽水、无锡、湘潭的政府指数高于平均水平，这主要是因为这些城市一方面具有较好的财政能力，另一方面已经具备或正在编制相关的供热规划，例如《合肥市城市集中供热管理条例》《武汉市清洁能源集中供热制冷规划》《贵阳市城市区域性集中供热用热管理办法》等，这在很大程度上反映了政府城市供暖建设的意愿，从而具有较高的政府指数。

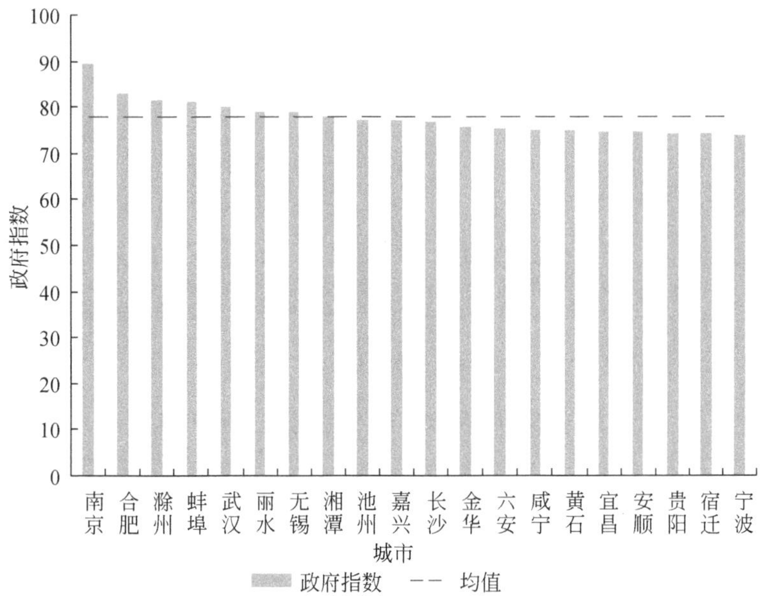

图 4.16　南方百城政府指数分析（前 20 名）

3）从分项指标得分来看，政府指数由政府建设能力、政府建设意愿、交易成本三个子指标构成。

第一，从政府建设能力上来看，这里的政府建设能力由政府财政收入占 GDP 比值表示。由图 4.17 可知，滁州、蚌埠、丽水、湘潭、嘉兴、金华、六安、咸宁、安顺、宁波的政府建设能力在前 20 城市中排名靠前，而南京、合肥、武汉、无锡、池州、长沙、黄石、宜昌、贵阳、宿迁的财政收入占 GDP 的比值低于前 20 名城市的平均水平。

第二，从政府建设意愿上来看，由图 4.18 可知，南京、合肥、滁州、蚌埠、武汉、丽水、湘潭、池州、长沙、宜昌的政府建设意愿高于排名前 20 城市的平均水平，而无锡、嘉兴、金华、咸宁、六安、黄石、安顺、贵阳、宿迁、宁波均低于平均水平。政府建设意愿由政府的城市维护建设占比与供热规划两部分组成。

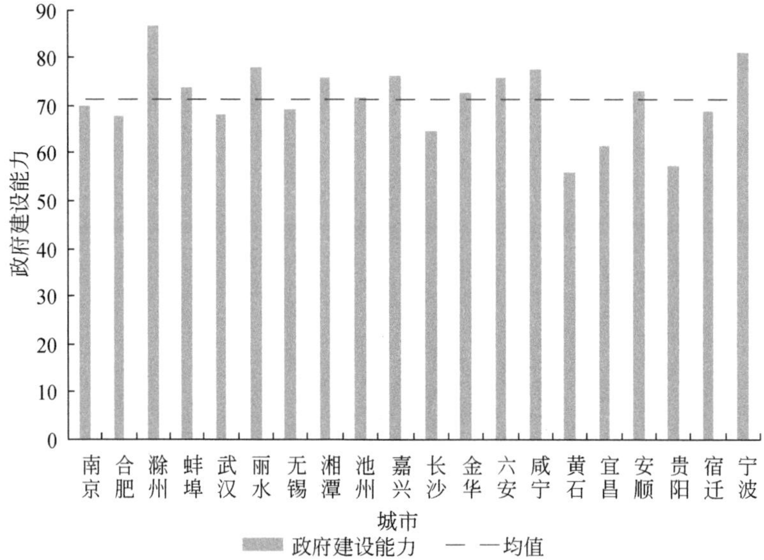

图 4.17　南方百城政府建设能力指数（前 20 名）

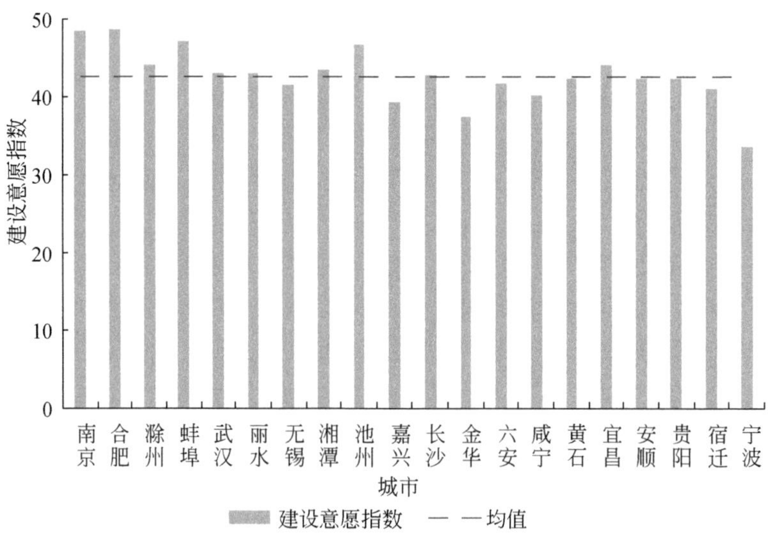

图 4.18　南方百城政府建设意愿指数（前 20 名）

由表 4.14 可以看出，排名前 20 的城市在供热规划上基本没有差别，这表明各城市都有市级的供热规划。城市间在建设意愿得分取决于政府维护建设支出占比方面的情况，政府建设支出占比中，排名前五的城市分别是南京、上海、南通、无锡、苏州。而扬州、昆明、连云港等城市在建设支出中的占比相对较小，这表明政府在维护公共建设方面的意愿相对较小，这有可能从侧面反映未来如果发展供暖，政府对于提供财政支持的意愿较小。

表 4.14　南方百城政府建设意愿指数（前 20 名）

城市	建设意愿	建设支出占比	供热规划
上海	48.52	92.58	100.00
南京	48.56	92.79	100.00
苏州	44.13	70.67	100.00
南通	47.14	85.71	100.00
常州	43.16	65.79	100.00
杭州	43.04	65.19	100.00
镇江	41.58	57.90	100.00
武汉	43.46	67.32	100.00
无锡	46.74	83.68	100.00
昆明	39.35	46.75	100.00
福州	42.96	64.78	100.00
扬州	37.42	37.10	100.00
合肥	41.83	59.16	100.00
连云港	40.34	51.70	100.00
淮南	42.44	62.21	100.00
玉溪	44.08	70.40	100.00
盐城	42.39	61.94	100.00
长沙	42.34	61.69	100.00
淮安	41.11	55.57	100.00
丽江	33.54	62.70	70.00

第三，从政商关系上来看，南京、无锡等政商关系较好的城市得分高，交易成本低。交易成本指标由政商关系指数表示，得分越高表明越有利于企业开

展相关的供暖工作。由图 4.19 可知，南京、合肥、武汉、无锡、嘉兴、长沙、金华、黄石、贵阳、宁波的得分高于平均水平，而滁州、蚌埠、丽水、湘潭、池州、六安、咸宁、宜昌、安顺、宿迁的交易成本得分低于平均水平。对于交易成本得分较高的城市表明，未来发展南方供暖时，企业在这些城市投资的成本会相对较低，这就会吸引供暖的企业的进驻，对发展南方供暖市场具有积极的推动作用。

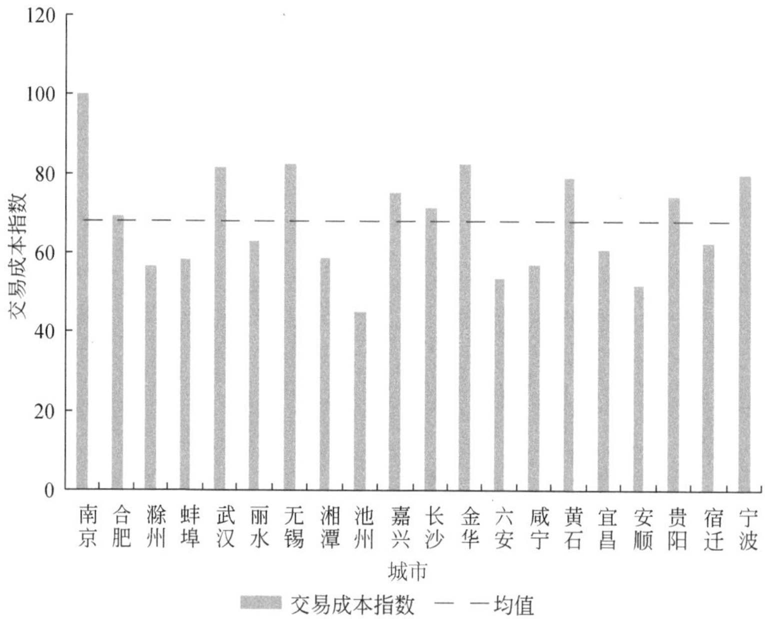

图 4.19　南方百城供暖交易成本指数分析（前 20 名）

4.5　南方供暖十大潜力城市分析

依据前文指标体系的构建，综合各项指标得出南方供暖排名前十的城市：上海、南京、苏州、无锡、杭州、合肥、镇江、常州、武汉、宁波。

4.5.1　上海市

上海市在南方 133 个城市中供暖指数总体得分排第一名，其需求指数与供给指数均排名第一。上海市的优势在于居民的支付能力、互补热负荷需求、供给能力、创新能力、政府财政能力和政商关系明显高于大部分南方供暖城市，但因存在环境约束和政府建设意愿不强等因素，供暖发展存在一定阻力（图 4.20）。

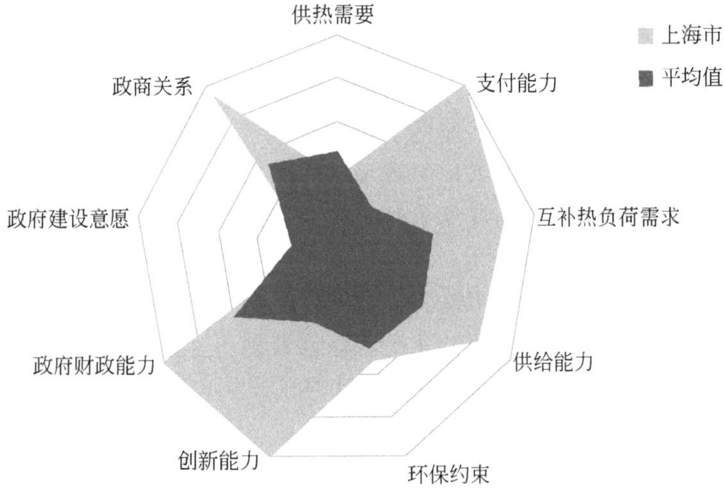

图 4.20　上海市各指标雷达图

从需求侧看，上海市的供暖需求指数在所有南方供暖城市中排名第一，其明显优势体现在高购买力和高互补热负荷需求。在供暖需要方面，上海的供暖需要低于平均值，主要是因为相较于商丘、九江、连云港和毕节这样地理纬度较高的城市，上海处于亚热带季风气候区这样相对温暖的地区，1 月平均体感温度较高，再加上老年和儿童人口占比较低，导致上海市对供暖需要水平低于平均值；但是在购买力方面，2016 年，上海市城镇居民人均可支配收入高达 54 305 元，在南方供暖城市中排名第一。在相同收入水平下，高房价地区的居民由于拥有更高价值的资产，往往具有较强的边际消费倾向。上海市的平均房价同样在南方供暖城市中排名第一，这体现了上海居民非常强的购买力；在互补热负荷需求上，上海工业需热企业多，商贸零售业、餐饮酒店业供暖需求高，同时医院等公共事业部门用热需求也大。因此，上海市的供热企业有较强的动力先满足大规模的需求后，再将剩余的热量用来给规模较小的居民部门供暖。综上，上海市工商企业、医院等各类组织用热需求大，居民部门的供暖需求也容易得到满足。

从供给侧看，上海市属于高供给型城市。上海市集中性热源丰富，其电厂、热电厂装机容量在南方供暖城市中排名第一。在小范围区域内分布式供暖方面，上海市的地热资源和太阳能资源没有显著优势，但是上海市地处长江三角洲，长江干流流经上海，城市中的江水、河水、海水中蕴含的热能可以作为水源热泵的热能来源。上海市的污水处理量在南方供暖城市中排名第一，污水、中水的热能同样可以利用。在分户供暖上，上海市的天然气供气管道长度长达 30 387 千米，储气能力为 48 900 万立方米，两项指标都在南方供暖城市中排名第一，再加上上海市供电企业资产规模大，分户供暖的基础条件良好。而对上海市供给产生约束的是环境因素，上海市 2015 ～ 2018 年的轻度污染（200>AQI>100）的天数为 64 天，高于其他城市的平均水平，环境约束决定了供给扩张的边界，因此上海市环保压力较大，发展供热有一定的阻力。

从政府角度看，上海市的政府财政水平高达 22%，高于所有南方供暖城市的均值（8%）；政府和企业的深度合作，良好的政商关系保证了较好的市场交易环境，供暖企业营商环境良好；但是，近年来上海市城市维护建设资金支出较低、欠缺供暖专项规划和管理办法，这都体现出上海市政府对供暖建设的意愿不强，甚至低于南方供暖城市的平均水平。综合来看，上海市的供暖需求指数、供给指数和政府指数三个方面都使其为供暖市场的发展创造了上佳的条件，非常适合发展居民部门供暖。

4.5.2 南京市

南京市在南方 133 个城市中供暖指数总体得分排第二名，其优势在于政府建设意愿以及政商关系明显强于大部分南方供暖城市，但因环境约束，供暖发展存在潜在的阻力（图 4.21）。

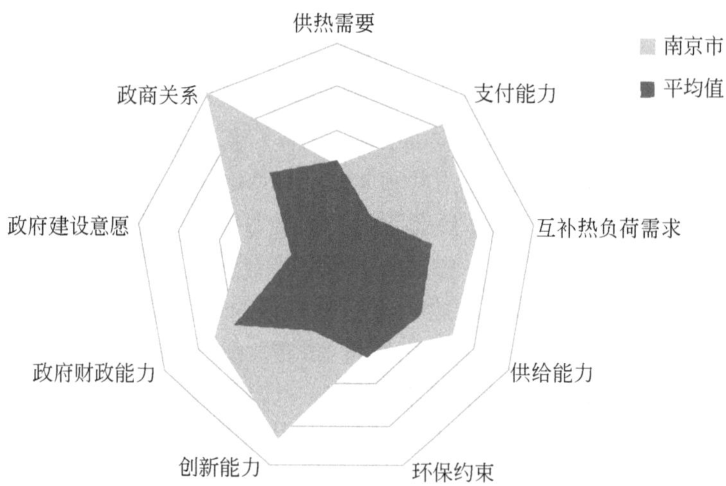

图 4.21　南京市各指标雷达图

从需求侧看，南京市的供暖高需求主要取决于购买力和互补热负荷需求：在供热需要方面，南京市的供热需要在南方供暖城市中处于平均水平，主要是因为相较于商丘、九江、连云港和毕节这样地理纬度较高的城市，南京市处于亚热带季风气候区这样相对温暖的地区，虽然南京市冬季的平均体感温度较低——南京市每年平均气温最低的 1 月的体感温度低至 –2℃，每年 12 月到次年 2 月的 HDD 值为 746，高于所有南方供暖城市的 HDD 均值（590），但是南京市居民中老年和儿童占比明显低于南方百城的平均水平，因此南京市在冬季对供暖的需要与均值持平。在购买力方面，2016 年，南京市城镇居民人均可支配收入高达 49 997 元，在所有南方供暖城市中排第三位，同时南京市的平均房价在这些城市中排名第四，体现了南京居民很强的购买力。在互补热负荷需求上，南京市因为商贸零售业和餐饮酒店供暖需求高，同时工业需热企业也多，供热企业有较强的动力先满足大规模的供热需求，再将剩余的热量用来给规模较小的居民部门供暖。因此工商企业、医院等各类组织用热需求越大，居民部门的供暖需求往往也越容易得到满足。

从供给侧看，南京属于高供给型城市。南京集中性热源丰富，其电厂、热电厂装机容量在南方供暖城市中排名第 12。在小范围区域内分布式供暖方面，南京地热资源和太阳能资源没有显著优势，但是长江干流流经南京，城市中的江水、河水中蕴含的热能可以作为水源热泵的热能来源，此外，南京的污水处理量在南方供暖城市中排名第二，污水、中水的热能同样可以利用。在分户供暖上，南京天然气供气管道长度达 7826 千米，在南方供暖城市中排名第六，但是天然气储气能力相对不足，使得分户供暖的热源有限。最后考虑环境约束，南京 2015 ～ 2018 年的轻度污染（200>AQI>100）的天数平均为 104 天，高于南方百城的平均值（63 天），环境约束决定了供暖供给扩张的边界，因此南京环保压力较大，发展居民部门供暖有一定的潜在阻力。

从政府角度看，南京市政府财政收入占 GDP 的比例约为 11%，高于南方供暖城市的均值（8%）。与其他城市相比，南京市的优势在于近年来城市维护建设资金支出非常高，在南方百城的政府建设支出中排第四位，再加上明确的供暖专项规划和管理办法——《南京市集中供热管理办法》（市级）与《南京市城西南部连片供热规划 (2009—2020)》（区县级），可以看出政府建设意愿较强。同时，南京市政商关系亲密，营商环境良好，政府和企业的深度合作，良好的政商关系保证了较好的市场交易环境，供暖企业营商环境良好。综合来看，南京市的供暖需求指数、供给指数和政府指数三个方面都为供暖市场发展创造了很好的条件，非常适合发展居民部门供暖。

4.5.3　苏州市

苏州市在南方 133 个城市中供暖指数总体得分位居第三。其优势在于其居民的支付能力、互补热负荷需求和供给能力明显高于南方大部分供暖城市，但因环境约束和政府建设意愿不强，发展居民部门供暖有一定的潜在阻力（图 4.22）。

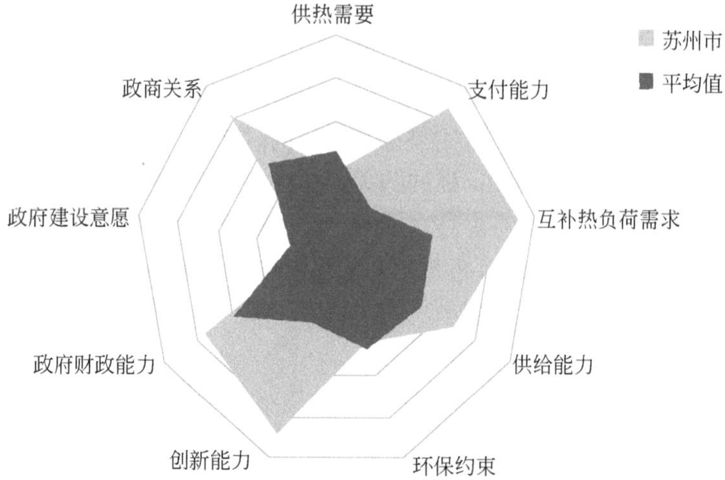

图 4.22　苏州市各指标雷达图

从需求侧看，苏州市的供暖需求主要取决于购买力和互补热负荷需求：在供热需要方面，苏州每年平均气温最低的 1 月的体感温度低至 –1℃，每年 12 月到次年 2 月的 HDD 值为 663，与南方供暖城市的 HDD 均值（590）基本在相同水平。在购买力方面，2016 年，苏州市城镇居民人均可支配收入高达 54 200 元，在南方百城中排名第二，仅次于上海，同样苏州房价高企在南方百城中排名第六，体现了苏州居民非常强的购买力。在互补热负荷需求上，苏州市工业需热企业多，并且餐饮酒店、商贸零售业供暖需求高，同时医院等公共部门采暖需要也大。因此，苏州市的供热企业有较强的动力先满足大规模的供热需求，再将剩余的热量用来给规模较小的居民部门供暖。因此，工商企业、医院等各类组织用热需求越大，居民部门的供暖需求往往也越容易得到满足。

从供给侧看，苏州市属于高供给型城市。苏州市集中性热源丰富，其电厂、热电厂装机容量在南方供暖城市中排名第九。在小范围区域内分布式供暖方面，苏州市地热资源和太阳能资源没有显著优势，但是长江干流和京杭大运河都流经苏州，城市中的江水、河水蕴含的热能可以作为水源热泵的热能来源，此外，苏州的污水处理量在南方百城中排名第五，污水、中水的热能同样可以利用。在分户供暖上，苏州市天然气供气管道长度达 8767 千米，在南方百城中排名第五；但是相较而言，苏州市天然气储气能力相对不足，使得分户供暖的热源相对有限。最后考虑环境约束，苏州市 2015 ～ 2018 年的轻度污染（200>AQI>100）的天数为 89 天，高于南方百城平均值（63 天），环境约束决定了供给扩张的边界，因此苏州市环保压力较大，发展居民部门供暖有一定的潜在阻力。

从政府角度看，苏州市政府财政收入占 GDP 的比例约为 12%，高于南方供暖城市均值的 8%。苏州市的政商合作指数达 55.75 分，良好的政商关系保证了较好的市场交易环境，供暖企业营商环境良好。但是，苏州市近年来城市维护建设资金支出较低、欠缺供暖专项规划和管理办法，政府建设意愿不强，从图 4.22 中可以看出，苏州市的政府建设意愿甚至低于南方供暖城市的平均水平。综合来看，苏州的供暖需求指数、供给指数和政府指数三个方面都为其供暖市场的发展创造了上佳的条件，非常适合发展居民部门供暖。

4.5.4　无锡市

无锡市在南方 133 个城市中供暖指数总体得分排第四名。其优势在于其互补热负荷需求和政府建设意愿明显强于大部分南方供暖城市，但因环境约束，其发展供热有一定的潜在阻力（图 4.23）。

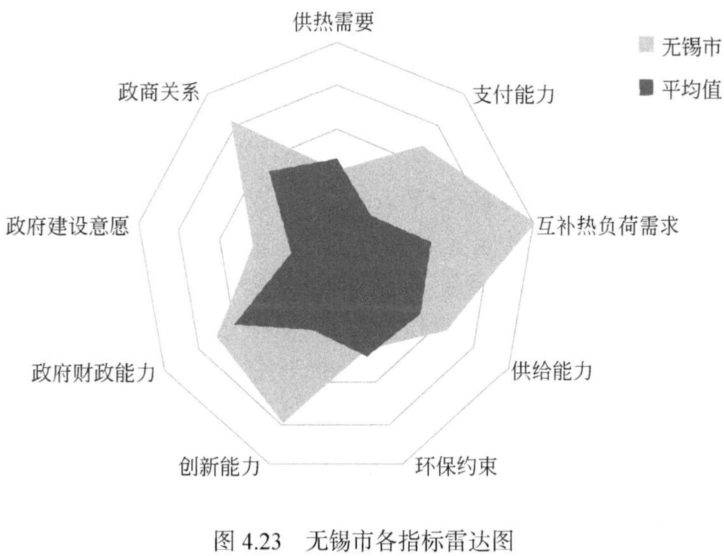

图 4.23　无锡市各指标雷达图

从需求侧看，无锡市的供暖需求主要取决于购买力和互补热负荷需求：在供热需要方面，无锡的供热需要略低于南方百城的平均水平，主要是因为相较于商丘、九江、连云港和毕节这样地理纬度较高的城市，无锡处于亚热带季风气候区，1 月平均体感温度较高，无锡每年平均气温最低的 1 月的体感温度为 −1.4℃，每年 12 月到次年 2 月的 HDD 值为 687，略高于所有南方百城的 HDD 均值（590），但由于老年和儿童人口占比相对较低，无锡市的冬季供热需要略低于南方百城的平均水平；在购买力方面，2016 年，无锡城镇居民人均可支配收入高达 46 979 元，在南方百城中排第四位，仅次于上海、苏州和南京，同样无锡市近年平均房价高企，在南方百城中排名第 14，体现了无锡市居民较强的购买力。在互补热负荷需求上，无锡市工业需热企业多，并且商贸零售业、餐饮酒店供暖需求高，同时医院等公共部门采暖需求也大。因此，无锡市的供热企业有较强的动力先满足大规模的供热需求，再将剩余的热量用来给规模较小的居民部门供暖。因此，工商企业、医院等各部门用热需求越大，居民部门供暖需求往往也越容易得到满足。

从供给侧看，无锡市属于高供给型城市。无锡市集中性热源丰富，其电厂、热电厂装机容量在南方百城中排名第 16。在小范围区域内分布式供暖方面，无锡市地热资源和太阳能资源没有显著优势，但是长江干流和京杭大运河流经无锡，城市中的江水、河水中蕴含的热能可以作为水源热泵的热能来源，此外，无锡市的污水处理量在南方百城中排名前列，污水、中水中的热能同样可以利用。在分户供暖上，无锡市天然气供气管道长度达 2747 千米，高于南方百城的平均水平（1837 千米），但是相较而言，无锡市天然气储气能力相对不足，使得分户供暖的热源相对有限。最后考虑环境约束，无锡 2015 ～ 2018 年的轻度污染（200>AQI>100）的平均天数为 102 天，高于南方百城的平均值（63 天），环境约束决定了供给扩张的边界，因此无锡市环保压力较大，发展居民部门供暖有一定的潜在阻力。

从政府角度看，无锡市政府财政收入占 GDP 的比重约为 11%，高于所有南方百城的均值（8%）。与其他城市相比，无锡市的优势在于已经做出明确的供暖专项规划和管理办法——《无锡市市区供热规划 (2010—2020)》，可以看出政府建设意愿较强。无锡市的政商合作指数达 58.04 分，良好的政商关系保证了较好的市场交易环境，供暖企业营商环境良好。综合来看，无锡的供暖需求指数、供给指数和政府指数三个方面都为其供暖市场发展创造了较好的条件，非常适合发展居民部门供暖。

4.5.5 杭州市

杭州市在南方 133 个城市中供暖指数总体得分排第五名。其优势在于其支付能力、互补热负荷需求和政商关系明显高于南方大部分供暖城市，但因政府建设意愿不强，发展供热有一定的潜在阻力（图 4.24）。

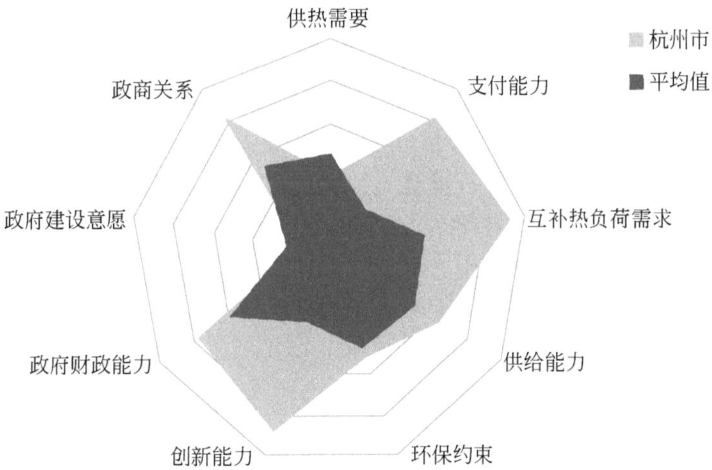

图 4.24　杭州市各指标雷达图

从需求侧看，杭州市的供暖需求主要取决于购买力和互补热负荷需求：在供热需要方面，杭州市的供热需要略低于南方百城的平均水平，主要是因为相较于商丘、九江、连云港和毕节这样地理纬度较高的城市，杭州处于亚热带季风气候区，1 月平均体感温度较高，每年 12 月到次年 2 月的 HDD 值为 594，与南方百城的 HDD 均值（590）持平，再加上杭州市的老年和儿童人口占比明显低于南方百城的平均值，因此杭州市的供热需要略低于南方百城的平均水平。在购买力方面，2016 年杭州市城镇居民人均可支配收入高达 46 116 元，在南方百城中排名第六，同样近年来杭州市的房价高企，在南方百城中排名第二，仅次于上海，体现了杭州市居民非常强的购买力。在互补热负荷需求上，杭州市商贸零售业、餐饮酒店供暖需求高，同时医院等公共部门用热需要也大。因此，杭州市的供热企业有较强的动力先满足大规模的需求，再将剩余的热量用来给规模较小的居民部门供暖。因此工商企业、医院等各类部门用热需求越大，居民部门供暖需求往往也越容易得到满足。

从供给侧看，杭州市属于高供给型城市。杭州市集中性热源丰富，其电厂、热电厂装机容量在南方百城中排名第六。在小范围区域内分布式供暖方面，杭州地热资源和太阳能资源没有显著优势，但是钱塘江和京杭大运河都流经杭州市，城市中的江水、河水中蕴含的热能可以作为水源热泵的热能来源，此外，杭州市的污水处理量在南方百城中排名第六，污水、中水中的热能同样可以利用。在分户供暖上，杭州天然气供气管道长度达 15 307 千米，在南方百城中排名第三，但是相较而言，杭州市天然气储气能力相对不足，使得分户供暖的热源相对有限。最后考虑环境约束，杭州市 2015 ～ 2018 年的轻度污染（200>AQI>100）的平均天数为 90 天，高于南方百城的平均值（63 天），环境约束决定了供给扩张的边界，因此杭州市环保压力较大，发展居民部门供暖有一定的潜在阻力。

从政府角度看，杭州市财政收入占 GDP 的比例约为 13%，高于南方百城的均值（8%）。杭州市的政商合作指数达 57.36 分，良好的政商关系保证了较好的市场交易环境，供暖企业营商环境良好；但是，近年来杭州市城市维护建设支出较低、欠缺供暖专项规划和管理办法，政府建设意愿不强，从图 4.24 中可看出，杭州市政府建设意愿甚至低于南方百城的平均水平。综合来看，杭州的供暖需求指数、供给指数和政府指数三方面都为供暖市场发展创造了较好的条件，适合发展居民部门供暖。

4.5.6 合肥市

合肥市在南方 133 个城市中供暖指数总体得分排第六名。其优势在于其互补热负荷需求和政府建设意愿明显强于其他南方供暖城市，但因环境约束，其发展供热有一定的潜在阻力（图 4.25）。

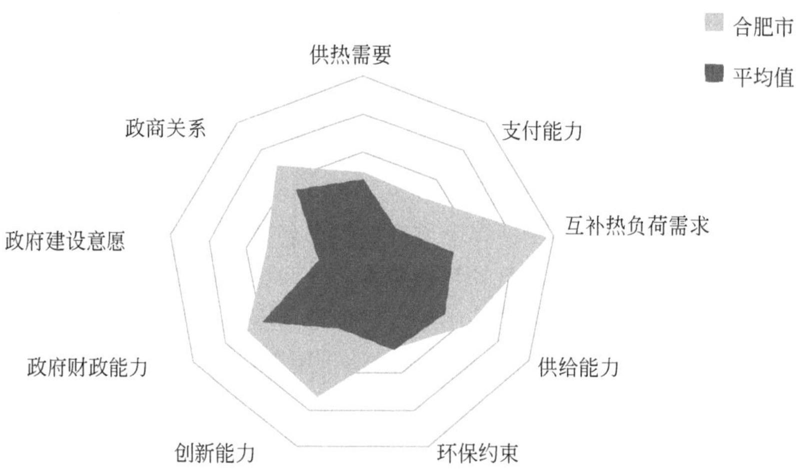

图 4.25 合肥市各指标雷达图

从需求侧看，合肥市的供暖需求主要取决于购买力和互补热负荷需求：在供热需要方面，合肥气温冬寒夏热，属于暖温带向亚热带的过渡带气候类型，其供热需要略高于南方百城的平均值。合肥市每年平均气温最低的 1 月的体感温度低至 –2.3℃，每年 12 月到次年 2 月的 HDD 值为 748，是南方百城 HDD 均值（590）的 1.26 倍，合肥市的供热需要略高于南方百城的平均水平。在购买力方面，2016 年合肥城镇人均可支配收入高达 34 852 元，高于南方百城的平均人均可支配收入（29 822 元），同样近年来合肥市的房价高企，高于南方百城的房价均值，体现了合肥市居民较强的购买力。在互补热负荷需求上，合肥市餐饮酒店、商贸零售业供暖需求高，工业需热企业多，医院等公共部门采暖需要大。因此，合肥市供热企业有较强的动力先满足大规模的需求，再将剩余的热量用来给规模较小的居民部门供暖。因此工商企业、医院等各类部门用热需求越大，居民部门的供暖需求往往也越容易得到满足。

从供给侧看，合肥市属于高供给型城市，主要优势体现在创新能力强。合肥集中性热源丰富，热电电源供给在南方百城中排名前列。在小范围区域内分布式供暖方面，合肥市富有地热资源，但是没有河流流经合肥，城市中作为水源热泵的热能来源受限。合肥市的污水处理量在南方百城中排名第八，污水、中水中的热能同样可以利用。在分户供暖上，合肥市天然气供气管道长度达 5637 千米，远高于南方百城的平均水平（1837 千米），天然气储气能力为 2000 万立方米，在南方百城中排名第二，仅次于上海，因此分户供暖的热源丰富。最后考虑环境约束，合肥市 2015 ～ 2018 年的轻度污染（200>AQI>100）的平均天数为 93 天，高于南方百城的平均值（63 天），环境约束决定了供给扩张的边界，因此合肥市环保压力较大，发展居民部门供暖有一定的潜在阻力。

从政府角度看，合肥市政府财政收入占 GDP 的比例约为 14%，高于南方百城的均值（8%）。与其他城市相比，合肥市的优势在于已经做出明确的供暖专项规划和管理办法——《合肥市城市集中供热管理办法》和《合肥市供热专项规划（2018—2035）》，可以看出政府建设意愿非常强。合肥市的政商合作指数达 42.5 分，远高于南方百城的平均水平（29.4 分），良好的政商关系保证了较好的市场交易环境，供暖企业营商环境良好。综合来看，合肥的供暖需求指数、供给指数和政府指数三个方面都为其供暖市场发展创造了较好的条件，适合发展居民部门供暖。

4.5.7　镇江市

镇江市在南方 133 个城市中供暖指数总体得分排第七名。其优势在于支付能力、互补热负荷需求和政府建设意愿强于大部分南方供暖城市，但因环境约束，其发展供热有一定的潜在阻力（图 4.26）。

从需求侧看，镇江市的供暖需求主要取决于购买力和互补热负荷需求：在供热需要方面，镇江市的供热需要处于南方百城的平均水平。镇江市每年平均气温最低的 1 月的体感温度为 –2.3℃，每年 12 月到次年 2 月的 HDD 值为 740，是南方百城 HDD 均值（590）的 1.25 倍；但是镇江市约有老年和儿童人口 64 万人，低于南方百城的平均水平（117 万人），因此镇江市的供热需要处于南方百城的平均水平

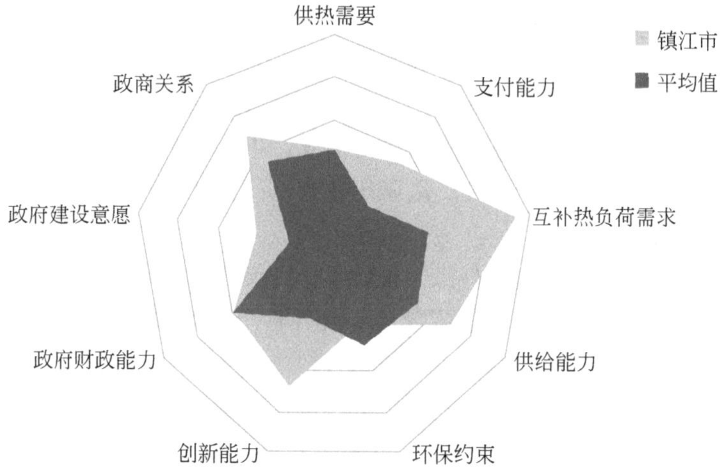

图 4.26　镇江市各指标雷达图

处。在购买力方面，镇江市城镇居民人均可支配收入高达 41 324 元，高于南方百城的人均可支配收入（29 822 元），再加上镇江市近年来房价高企，远高于南方百城的房价均值（4981 元），体现了镇江市居民较强的购买力。在互补热负荷需求上，镇江市工业需热企业多，餐饮酒店供和商贸零售业供暖需求高，医院等公共部门采暖需要大。因此，镇江市的供热企业有较强的动力先满足大规模的供热需求，再将剩余的热量用来给规模较小的居民部门供暖。因此工商企业、医院等各类组织用热需求越大，居民部门供暖需求往往也越容易得到满足。

从供给侧看，镇江市属于高供给型城市，主要优势体现在创新能力强。镇江市集中性热源丰富，电厂、热电厂装机容量在南方百城中排名第 8。在小范围区域内分布式供暖方面，镇江市地热资源和太阳能资源均占优势，且河流资源丰富，长江和京杭大运河流经镇江，可以成为城市中作为水源热泵的热能来源。镇江市的污水处理量也较多，污水、中水中的热能同样可以利用，废水热源充足。在分户供暖上，镇江市天然气供气管道长度达 3070 千米，高于南方百城的平均水平（1837 千米），但是天然气储气能力相对较弱，使得分户供暖的热源相对有限。最后考虑环境约束，镇江市 2015 ～ 2018 年的轻度污染（200>AQI>100）的平均天数为 125 天，高于南方百城的平均值（63 天），环境约束决定了供给扩张的边界，因此镇江市环保压力较大，其发展居民部门供暖有一定的潜在阻力。

从政府角度看，镇江市政府财政收入占 GDP 的比例约为 8%，处于南方百城的均值。与其他城市相比，镇江市的优势在于已经做出明确的供暖专项规划和管理办法——《镇江市区集中供热规划优化方案》，可以看出政府建设意愿较强。镇江市的政商合作指数达 40.93 分，远高于南方百城的平均水平（29.44 分），良好的政商关系保证了较好的市场交易环境，供暖企业营商环境良好。综合来看，镇江市的供暖需求指数、供给指数和政府指数三个方面都为其供暖市场发展创造了良好的条件，适合发展居民部门供暖。

4.5.8　常州市

常州市在南方 133 个城市中供暖指数总体得分排第八名。其优势在于支付能力、互补热负荷需求和政府建设意愿强于大部分南方供暖城市，但因环境约束，发展居民部门供暖有一定的潜在阻力（图 4.27）。

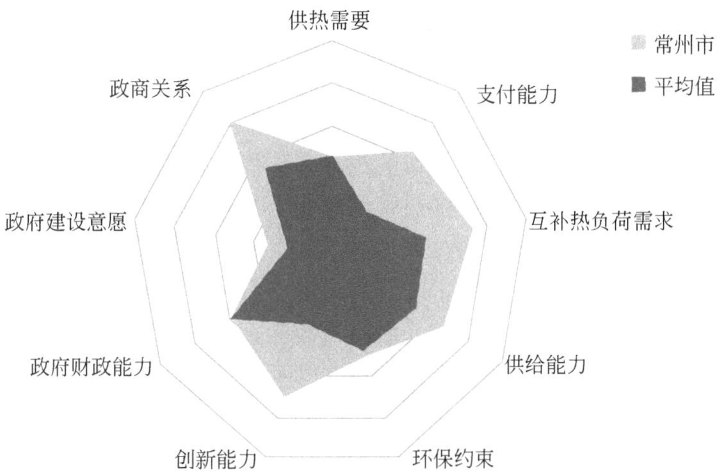

图 4.27　常州市各指标雷达图

从需求侧看，常州市的供暖需求主要取决于购买力和互补热负荷需求：在供热需要方面，常州市的供热需要处于南方百城的平均水平。常州市每年平均气温最低的 1 月的体感温度为 –1.9℃，每年 12 月到次年 2 月的 HDD 值 791，是南方百城 HDD 均值（590）的 1.34 倍；但是常州市的老年和儿童人口约有 97 万人，略低于南方百城的平均水平（117 万人），因此常州市的供热需要处于南方百城的平均水平。在购买力方面，常州市城镇居民人均可支配收入高达 46 611 元，高于南方百城的人均可支配收入（29 822 元），再加上常州市近年来房价高企，远高于南方百城的房价均值（4981 元），体现了常州市居民较强的购买力。在互补热负荷需求上，常州市的餐饮酒店和商贸零售业供暖需求高，工业需热企业多，医院等公共部门采暖需要大。因此，常州市的供热企业有较强的动力先满足大规模的供热需求，再将剩余的热量用来给规模较小的居民部门供暖。因此工商企业、医院等各类部门用热需求越大，居民部门供暖需求往往也越容易得到满足。

从供给侧看，常州市属于高供给型城市，其主要优势体现在创新能力强。常州市集中性热源丰富，热电电源供给在南方百城中排名前列。在小范围区域内分布式供暖方面，常州市地热资源和太阳能资源不占优势，但是河流资源丰富，长江和京杭大运河流经常州，可以成为城市水源热泵的热能来源。常州市的污水处理量在南方百城中排名第 16，污水、中水中的热能同样可以利用，废水热源充足。在分户供暖上，常州市天然气供气管道长度达 7366 千米，远高于南方百城平均水平（1837 千米），但是天然气储气能力相对较弱，为 181 万立方米，使得分户供暖的热源相对有限。最后考虑环境约束，常州市 2015 ～ 2018 年的轻度污染（200>AQI>100）的平均天数为 127 天，高于南方百城的平均值（63 天），环境约束决定了供给扩张的边界，因此环保压力较大，发展供热有一定的潜在阻力。

从政府角度看，常州市政府财政收入占 GDP 的比例约为 8%，处于南方百城的均值。与其他城市相比，常州市的优势在于已经做出明确的供暖专项规划和管理办法——《常州市东部片区供热管网规划（2017—2020）》，可以看出政府建设意愿较强。常州市的政商合作指数达 55.64 分，远高于南方百城的平均水平（29.44 分），良好的政商关系保证了较好的市场交易环境，供暖企业营商环境良好。综合来看，常州市的供暖需求指数、供给指数和政府指数三个方面都为供暖市场发展创造了良好的条件，适合发展居民部门供暖。

4.5.9 武汉市

武汉市在南方 133 个城市中供暖指数总体得分排第九名。其优势在于支付能力、互补热负荷需求和政府建设意愿明显强于大部分南方供暖城市，环境约束压力较小（图 4.28）。

从需求侧看，武汉市的供暖需求主要取决于购买力和互补热负荷需求：在供热需要方面，武汉属亚热带季风性湿润气候区，具有雨量充沛、日照充足、四季分明，夏高温、冬季稍凉湿润等特点。武汉每年平均气温最低的 1 月的体感温度为 −1.6℃，每年 12 月到次年 2 月的 HDD 值为 696，高于南方百城 HDD 均值（590）；武汉市有老年和儿童人口约 177 万人，老年和儿童人口占比低于南方百城的平均值，总的来说武汉市的供热需要低于南方百城的平均水平。在购买力方面，武汉市城镇居民人均可支配收入高达 39 737 元，在南方百城中排第 14 位，再加上武汉市近年来房价高企，在南方百城中排名第 13，体现了武汉市居民较强的购买力。在互补热负荷需求上，武汉市医院等公共部门采暖需要大，商贸零

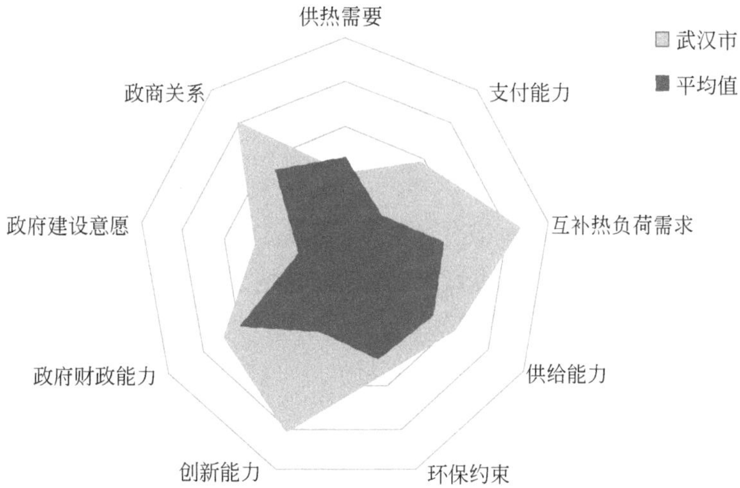

图 4.28　武汉市各指标雷达图

售业、餐饮酒店供暖需求高，工业需热企业也多。因此，武汉市的供热企业有较强的动力先满足大规模的供热需求，再将剩余的热量用来给规模较小的居民部门供暖。因此工商企业、医院等各类部门用热需求越大，居民部门供暖需求往往也越容易得到满足。

从供给侧看，武汉市属于高供给型城市。武汉市集中性热源丰富，电厂、热电厂装机容量在南方百城中排名前列。在小范围区域内分布式供暖方面，武汉市地热资源和太阳能资源没有显著优势，但是长江干流和汉水流经武汉，城市中的江水、河水中蕴含的热能可以作为水源热泵的热能来源，此外，武汉市的污水处理量在南方百城中排名第四，污水、中水中的热能同样可以利用。在分户供暖上，武汉市天然气供气管道长达 12 717 千米，在南方百城中排名第四，但是相较而言，天然气储气能力相对不足，使得分户供暖的热源相对有限。最后考虑环境约束，武汉市 2015 ～ 2018 年的轻度污染（200>AQI>100）的平均天数为 105 天，高于南方百城的平均值（63 天），因此武汉市的环保压力较大，但是武汉市的能耗强度明显低于南方百城的大部分城市，因而在环境约束上的得分明显高于南方百城的平均值。

从政府角度看，武汉市政府财政收入占 GDP 的比例约为 10%，高于南方百城的均值（8%）。与其他城市相比，武汉市的优势在于已经做出明确的供暖专项规划和管理办法——《武汉市清洁能源集中供热制冷规划》（市级）以及《武昌区集中供热（冷）专项规划（2017-2030 年）》（区县级），可以看出政府建设意愿很强。武汉市的政商合作指数达 56.62 分，远高于南方百城的平均水平（29.4 分），良好的政商关系保证了较好的市场交易环境，供暖企业营商环境良好。

综合来看，武汉市的供暖需求指数、供给指数和政府指数三个方面都为供暖市场发展创造了良好的条件，适合发展居民部门供暖。

4.5.10 宁波市

宁波市在南方 133 个城市中供暖指数总体得分排第十名。其优势在于支付能力、互补热负荷需求和政府建设意愿明显强于南方百城大部分城市，环境约束较小但供给能力优势不显著（图 4.29）。

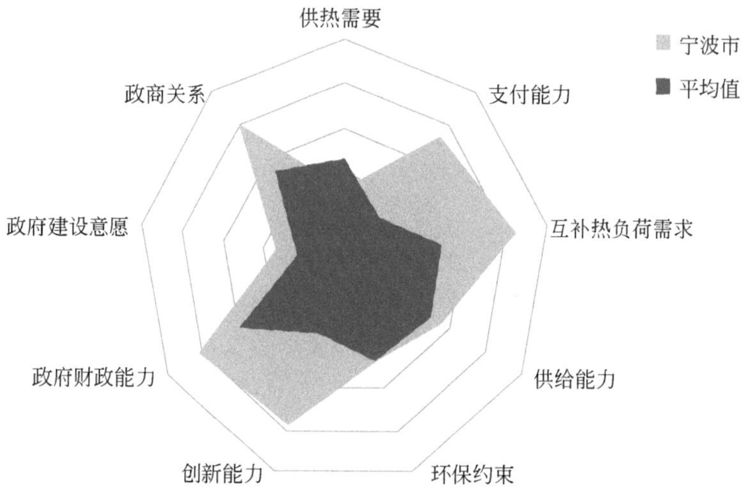

图 4.29 宁波市各指标雷达图

从需求侧看，宁波市的供暖需求主要取决于购买力和互补热负荷需求：在供热需要方面，宁波市的供热需要低于南方百城平均值，主要是因为相较于商丘、九江、连云港和毕节这样地理纬度较高的城市，宁波市处于亚热带季风气候区这样相对温暖的地区，1 月平均体感温度较高。宁波每年平均气温最低的 1 月的体感温度为 1℃，每年 12 月到次年 2 月的 HDD 值为 553，低于南方百城 HDD 均值（590），再加上老年和儿童人口占比较低，导致了宁波市对供暖的需要低于南方百城平均值。在购买力方面，宁波市城镇居民人均可支配收入高达 44 641 元，在南方百城中排第七位，再加上宁波市近年来房价高企，远高于南方百城的房价均值，因此宁波市居民有较强的购买力。在互补热负荷需求上，宁波市工业需热企业多，商贸零售业、餐饮酒店供暖需求高，医院等公共部门的采暖需要大。因而宁波市供热企业有较强的动力先满足大规模的供热需求，再将剩余的热量用来给规模较小的居民部门供暖。因此工商企业、医院等各类部门用热需求越大，居民部门供暖需求往往也越容易得到满足。

从供给侧看，宁波市属于高供给型城市，主要优势体现在创新能力强。宁波市集中性热源丰富，其电厂、热电厂装机容量在南方百城中排名第二，仅次于第一名上海。在小范围区域内分布式供暖方面，宁波市富有地热资源，但是没有河流流经宁波，城市中作为水源热泵的热能来源受限。宁波市的污水处理量在南方百城中排名第九，污水、中水中的热能同样可以利用，废水热源充足。在分户供暖上，宁波市天然气供气管道长度达 5187 千米，高于南方百城的平均水平（1837 千米），但是相较而言，天然气储气能力只有 1.09 万立方米，使得分户供暖的热源相对有限。最后考虑环境约束，宁波市 2015 ～ 2018 年的轻度污染（200>AQI>100）的平均天数为 37 天，属于环境保护到位的宜居城市，环保压力较小。

从政府角度看，宁波市政府财政收入占 GDP 的比例约为 14%，高于南方百城的均值（8%）。与其他城市相比，宁波的优势在于已经做出明确的供暖专项规划和管理办法——《宁波市集中供热管理办法》《宁波石化开发区集中供热规划（修编）》《宁海县城区集中供热规划 (2012－2020)》，可以看出政府建设意愿非常强。宁波市的政商合作指数达 54.59 分，远高于南方百城的平均值（29.4 分），良好的政商关系保证了较好的市场交易环境，供暖企业营商环境良好。综合来看，宁波市的供暖需求指数、供给指数和政府指数三个方面都为供暖市场发展创造了良好的条件，适合发展居民部门供暖。

第 5 章　南方百城供暖市场影响评估

通过前面对典型模式的梳理以及对潜力的评估分析，我们发现南方城市已经有了客观的供暖需求，有的城市也有较大的供暖潜力。现在的争议主要集中在供暖成本高、能效低、会引发能源和环境危机等方面问题。但这些争议却忽视了供暖对经济的促进作用，因此我们需要对南方供暖进行成本—收益评估。按照南方供暖发展的趋势，我们基于分户供暖和区域供暖两种路径，将南方供暖对社会带来的影响从经济、就业、环境等多个角度进行了考量，为各大城市决策提供有效参考。

5.1　评估方法

在分户供暖和区域供暖两种路径下，在不同情景下分别测算发展南方供暖市场在未来 10 年对宏观经济、就业和环境的潜在影响，具体评估方案如图 5.1 所示。

发展南方供暖市场在 2020 ～ 2030 年期间对我国的潜在影响取决于未来一系列社会经济变量的发展。在本报告中，我们首先对人口的增长进行了预测，以此作为评估其他社会经济影响的基础；其次考虑收入增速、气候及能源或供热价格折扣的不同情景会如何影响南方供暖用户和消费；最后在不同情景假设下，对经济、就业以及环境的多方面影响进行分析比较。具体情景设定如图 5.2 所示。

首先，收入情景设定结合了经济合作与发展组织（OECD）和国际货币基金组织（IMF）发布的未来经济发展展望，对 2020 ～ 2030 我国居民收入增速进行了预测；同时，考虑气候波动对供暖的影响，在中国人民大学家庭能源消费调查（CRECS 2014）的居民采暖消费量的基础上，分别上浮 10% 和下浮 10%，作为基准情景之外的寒冷情景和温暖情景。此外，考虑到在推广初期，部分居民可以获得价格折扣，设定了有折扣和无折扣两种情景，在分户供暖方式下，折扣额设定为 100 元 / 年，区域供暖方式下则设定为 500 元 / 年。对 18 种情景分别定义，具体如表 5.1 所示。

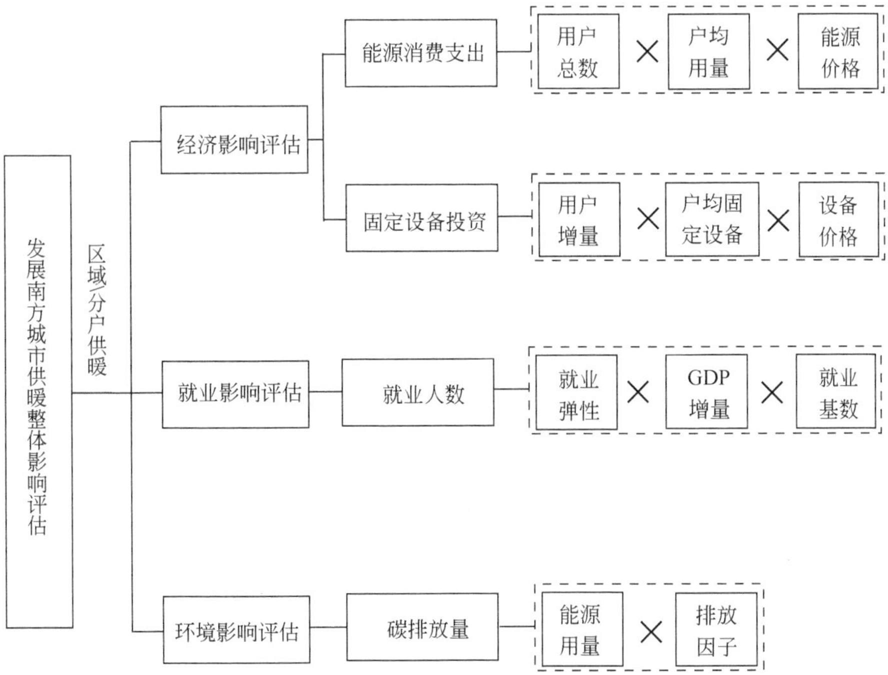

图 5.1　发展南方城市供暖整体影响评估方案

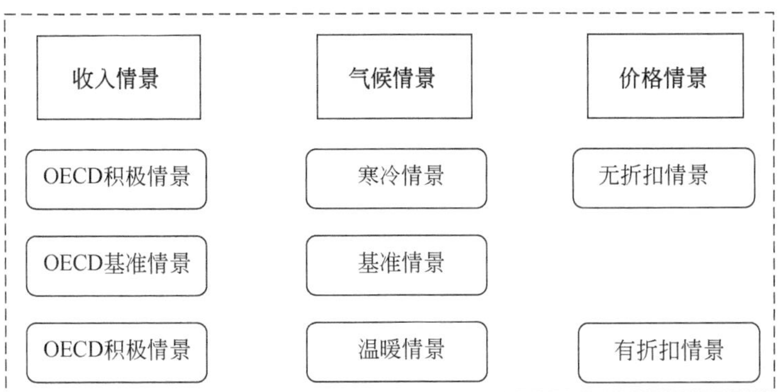

图 5.2　情景设定

表 5.1　18 种情景具体情况

收入情景	折扣情景	温度情景		
		寒冷	标准	温暖
积极	有折扣	S1	S2	S3
	无折扣	S4	S5	S6

续表

收入情景	折扣情景	温度情景		
		寒冷	标准	温暖
基准	有折扣	S7	S8	S9
	无折扣	S10	S11	S12
悲观	有折扣	S13	S14	S15
	无折扣	S16	S17	S18

5.1.1 对宏观经济的影响评估

（1）分户供暖

在分户供暖模式下，若未来南方供暖需求得到满足，则城市每年供暖用户的消费支出为：

$$\begin{aligned}\text{能源消费支出} &= \text{户均供暖用电量} \times \text{用电用户数} \times \text{电价} \\ &+ \text{户均供暖用气量} \times \text{用气用户数} \times \text{气价}\end{aligned} \quad (5.1)$$

式（5.1）中，电取暖用户数量和气取暖用户数量在不同情景设定下，具体计算思路如图 5.3 所示。

具体计算流程如下：首先，基于家庭供暖支出和供暖支出占比，计算出满足自供暖家庭的收入阈值。由于计算的是一个平均意义的收入阈值，所以家庭供暖支出和供暖支出占比均为用电家庭和用气家庭加权的形式。根据中国人民大学家庭能源消费调查（CRECS2014），电取暖家庭和气取暖家庭户数的权重比例分别设为 87.5% 和 12.5%。户均加权供暖支出为：

$$\begin{aligned}\text{户均加权供暖支出} &= \text{户均用电量} \times \text{电价} \times \text{电取暖户数比例} \\ &+ \text{户均用气量} \times \text{气价} \times \text{气取暖户数比例}\end{aligned} \quad (5.2)$$

$$\begin{aligned}\text{户均加权供暖支出占比} &= \text{用电家庭电费占比} \times \text{电取暖户数比例} \\ &+ \text{用气家庭气费占比} \times \text{气取暖户数比例}\end{aligned} \quad (5.3)$$

根据中国人民大学家庭能源消费调查（CRECS 2014），由公式（5.3）可以得到供暖支出占收入比为 0.86%，从而，可以计算出满足自供暖家庭的收入阈值为：

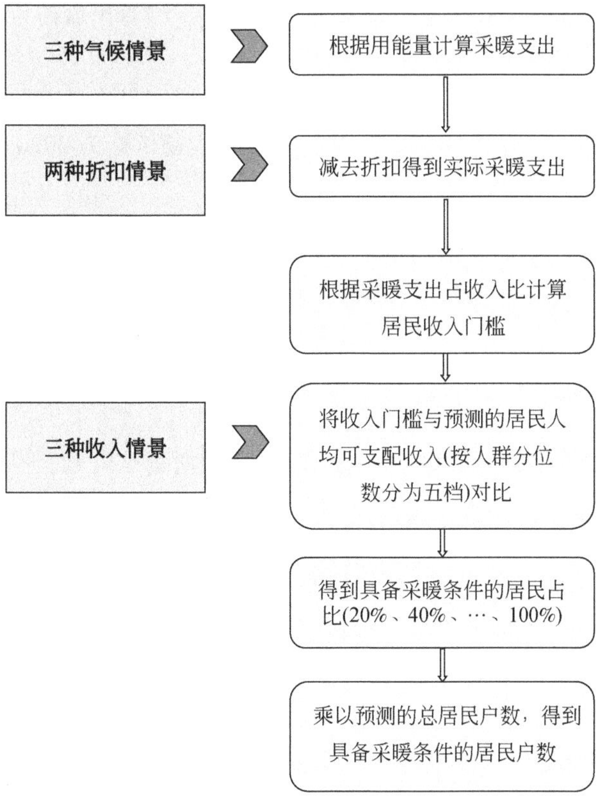

图 5.3　居民供暖用户数计算思路

$$收入阈值 = 户均加权供暖支出 \div 加权供暖支出占比 \tag{5.4}$$

其次，通过收入阈值来识别具备自供暖条件的家庭户数。根据基期的城镇居民人均可支配收入（根据人群的五分位数分为五档），结合经济合作与发展组织（OECD）和国际货币基金组织（IMF）对实际 GDP 增速的预测，对未来 10 年的城镇居民人均可支配收入进行预测。然后，通过将供暖收入门槛与各地级市城镇居民人均可支配收入五分位数进行对比，从而识别出有多少比例的家庭可以负担起自供暖的费用，进而可以得出城市当年具备自供暖条件的家庭比例。有了比例之后，根据基期的市辖区家庭户数，结合美国丹佛大学的 Pardee 未来研究中心的未来建模系统（International Futures）估算的未来十年人口增速，预测出未来十年的城镇家庭户数，则具备自供暖条件的家庭户数为：

$$\begin{aligned}具备自供暖条件的家庭户数 &= 城镇家庭户数 \\ &\times 具备自供暖条件的家庭比例\end{aligned} \tag{5.5}$$

最后，根据自供暖家庭中电供暖和气供暖比例，计算出城市每年的电取暖用户数量和气取暖用户数量。

在分户独立供暖模式下，城市每年新增投资取决于新增供暖用户购买供暖设备付出的前期费用，经过市场调查，设定电取暖设备价格为 2000 元，天然气设备价格为 20 000 元，即

$$\text{新增投资} = \text{新增电取暖用户数} \times \text{电取暖设备价格} + \text{新增天然气取暖用户数} \times \text{天然气取暖设备价格} \tag{5.6}$$

（2）区域供暖

在区域供暖模式下，城市每年区域供暖用户的消费支出为：

$$\text{区域供暖消费支出} = \text{区域供暖单价} \times \text{市辖区户均规模} \times \text{人均住房面积} \times \text{供热时长} \times \text{区域供暖户数} \tag{5.7}$$

式中，区域供暖户数计算方式与分户供暖相类似，都是通过供暖收入门槛与城镇居民人均可支配收入五分位数的对比，从而确定出有条件采用区域供暖的家庭户数。

区域供暖对投资的拉动，包括新增管道投资和新增其他投资，其中区域供暖新增管道投资为：

$$\text{新增管道投资} = \text{户均供气管道长度} \times \text{新增区域供暖用户数} \times \text{单位管道造价} \tag{5.8}$$

区域供暖新增其他投资包括换热站、二次网投资成本及管网入户后连接暖气片部分的费用，这部分费用据专家估值，户均支出约为 98 元 / 平方米。此外，从二次网入户的部分及暖气片、热计量表等其他固定投资，据专家估值，户均约为 7710 元。则城市区域供暖新增其他投资为：

$$\text{新增其他投资} = (\text{换热站/二次网户均投资} \times \text{户均供暖面积} + \text{户均其他固定投资}) \times \text{新增区域供暖用户数} \tag{5.9}$$

5.1.2 对就业和环境的影响评估

发展南方城市供暖市场，在拉动消费和投资的同时，也会对就业和环境产生影响。在分户供暖和区域供暖两种模式下，对就业的拉动效应为：

$$新增就业量 = 新增GDP \times 就业弹性 \times 就业基数 \tag{5.10}$$

其中就业弹性为：

$$就业弹性 = 就业人数变动百分比 \div GDP变动百分比 \tag{5.11}$$

碳排放方面，发展南方供暖市场，在分户供暖和区域供暖两种模式下，其碳排放量为：

$$碳排放量 = 能源消费量 \times 排放因子 \tag{5.12}$$

此外，本报告在分析南方区域供暖模式对环境产生的影响时，假定所用的一次能源均为天然气，由于完全忽略了可再生能源，可能会高估因发展南方供暖市场而带来的碳排放。因此，设定清洁能源每年替代天然气的比率为 5%，以分析因能源结构转型对碳排放的影响。

以上计算过程具体参数来源如表 5.2 所示。

表 5.2　计算公式中各参数说明

变量	参数值	单位	数据来源
城镇居民人均可支配收入	依城市而定	元	各省统计年鉴
实际 GDP 增速	依年份而定	%	OECD/IMF
城镇市辖区人口、户数	依城市而定	万人 / 万户	《中国城市统计年鉴》
人口增速	依年份而定	%	International Futures
人均住房面积	39	平方米	国家统计局
户均供暖用电量	462	千瓦时 / （年・户）	CRECS2014
户均供暖用气量	646	立方米 / （年・户）	CRECS2014
电力价格	依城市而定	元 / 千瓦时	国家能源局网站
天然气价格	依城市而定	元 / 立方米	各地政府网站
区域供暖计量热价	0.2	元 / 千瓦时	调研
区域供暖单价	8.5	元 / （月・户）	调研
区域供暖时长	3	月	调研
分户供暖用电设备支出	2 000	元	实地调研
分户供暖用气设备支出	20 000	元	实地调研
分户供暖支出占收入比	0.86	%	CRECS 2014

续表

变量	参数值	单位	数据来源
分户供暖用户用电占比	12.5	%	CRECS 2014
分户供暖用户用气占比	87.5	%	CRECS 2014
区域供暖支出占收入比	3	%	CRECS 2014
区域供暖主管网投资（含保温管道、工程费用等）	1 500	万元 / 千米	咨询专家
区域供暖其他管道投资（含换热站、二次网等）	98	元 / 平方米	咨询专家
区域供暖其他投资（含接入费、暖气片、计量表等）	7 710	元 / 户	咨询专家
供热气耗标准	37.6	千克标准煤 / 吉焦	国家发展和改革委员会网站
天然气排放因子	1.808 55	千克 CO_2/ 立方米	IPCC
区域电网排放因子	依区域而定	千克标准煤 / 千瓦时	生态环境部网站
就业弹性（就业变动率/GDP 变动率）	依省份而定	—	各省统计年鉴

5.2 结果分析

5.2.1 总体影响评估

（1）供暖用户评估

按照基准情景（基准收入增速、标准温度且无折扣，下同）预测，2025 年南方城市区域供暖用户可以达到 2362 万户，也就是说到 2025 年南方城市几乎有近五分之一的人口有条件采用区域供暖；2030 年用户将达到 3246 万户，超过 30% 的居民将成为区域供暖潜在用户。

在其他情景[①]下，南方百城区域供暖的用户变化趋势如图 5.4 所示。在最乐观的情景下，2025 年供暖用户最高可达到 4091 万户，2030 年达到 6005 万户；在最保守的情景下，2025 年供暖用户可达到 1514 万户，2030 年达到 2545 万户。

①本章中其他情景为 18 种情景中除基准情景（S11）外的其余情景统称为其他情景。

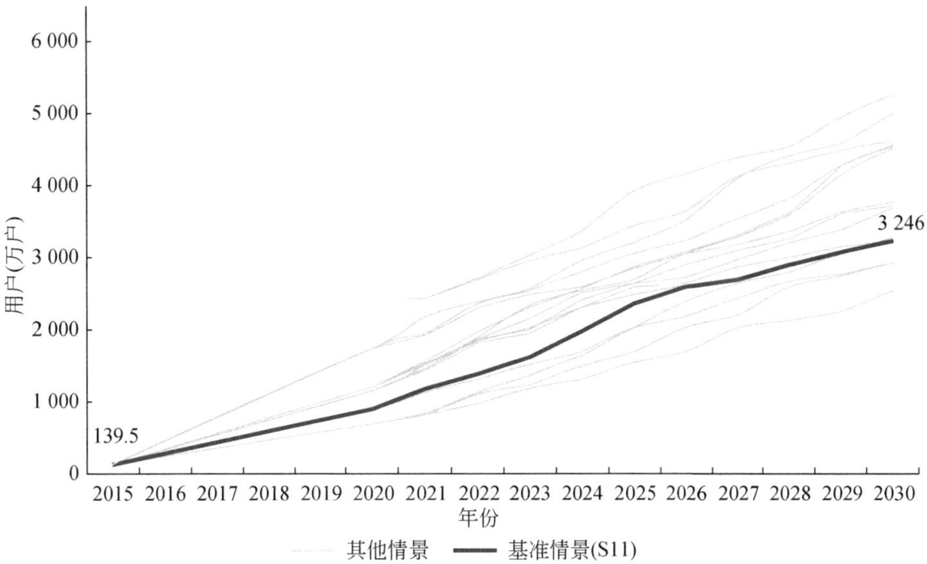

图 5.4　南方百城区域供暖用户数量评估

注：其他情景为除基准情景（S11）外的其余情景，以下图同

按照基准情景计算，2025 年南方城市分户供暖用户可以达到 4644 万户，2030 年则达到 6577 万户，即南方分户供暖潜在用户将超过预测总人口的一半。

图 5.5 展示了其他情景下，南方百城分户供暖的用户变化趋势。在最乐观的情景下，2025 年供暖用户最高可达到 7102 万户，2030 年达到 8941 万户。在最保守的情景下，2025 年供暖用户则可达到 3512 万户，2030 年达到 5107 万户。

（2）供暖消费评估

按照基准情景计算，2025 年，南方城市区域供暖拉动消费可以达到 650 亿元，占当年相应城市预测 GDP 的 0.18%；2030 年则可达到 905 亿元，占当年相应城市预测 GDP 的 0.19%。

图 5.6 展示了在其他情景下，南方百城区域供暖消费支出的变化趋势。在最乐观的情景下，2025 年供暖用户消费最高可达到 1015 亿元，2030 年达到 1505 亿元；在最保守的情景下，2025 年供暖用户消费也可达到 469 亿元，2030 年达到 770 亿元。

按照基准情景计算，2025 年，南方城市分户供暖拉动消费可以达到 233 亿元，占当年 GDP 预测值的 0.048%；2030 年达到 330 亿元，占当年 GDP 预测值的 0.056%。

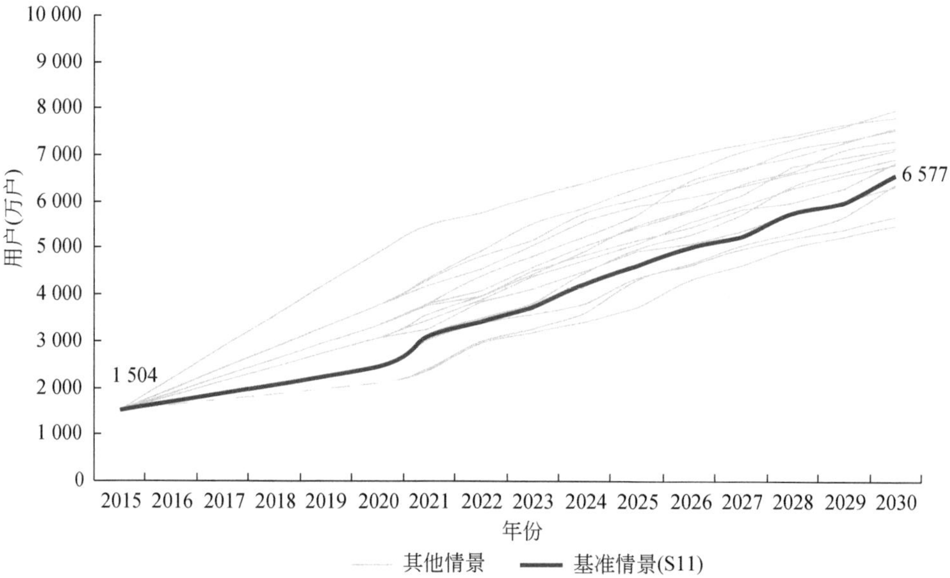

图 5.5　南方百城分户供暖用户数量评估

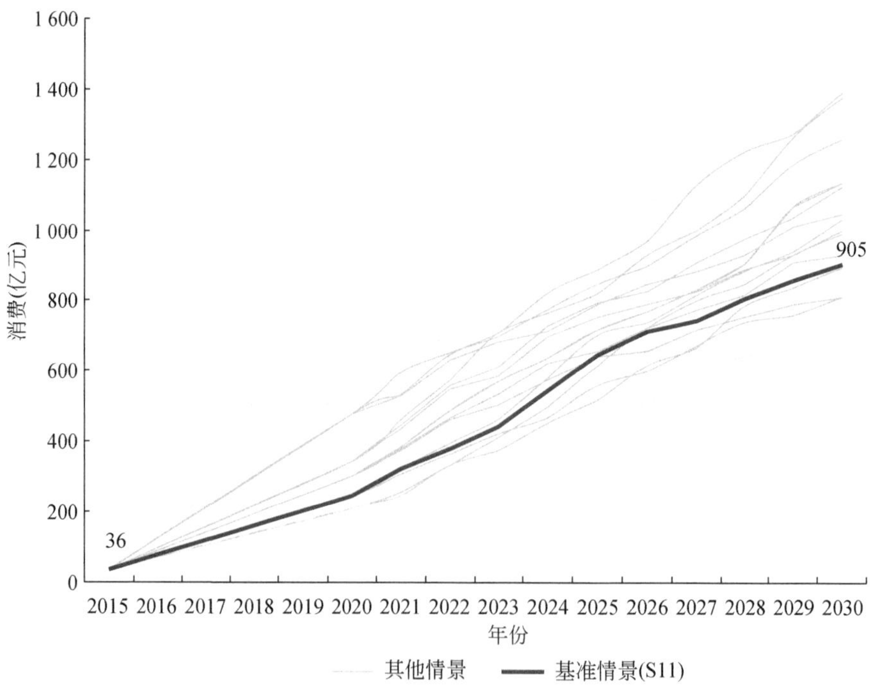

图 5.6　南方百城区域供暖拉动消费评估

图 5.7 展示了在其他情景下，南方百城分户供暖支出的变化趋势。在最乐观的情景下，2025 年供暖消费最高可达到 311 亿元，2030 年达到 412 亿元；在最保守的情景下，2025 年供暖用户消费可达到 198 亿元，2030 年可达到 288 亿元。

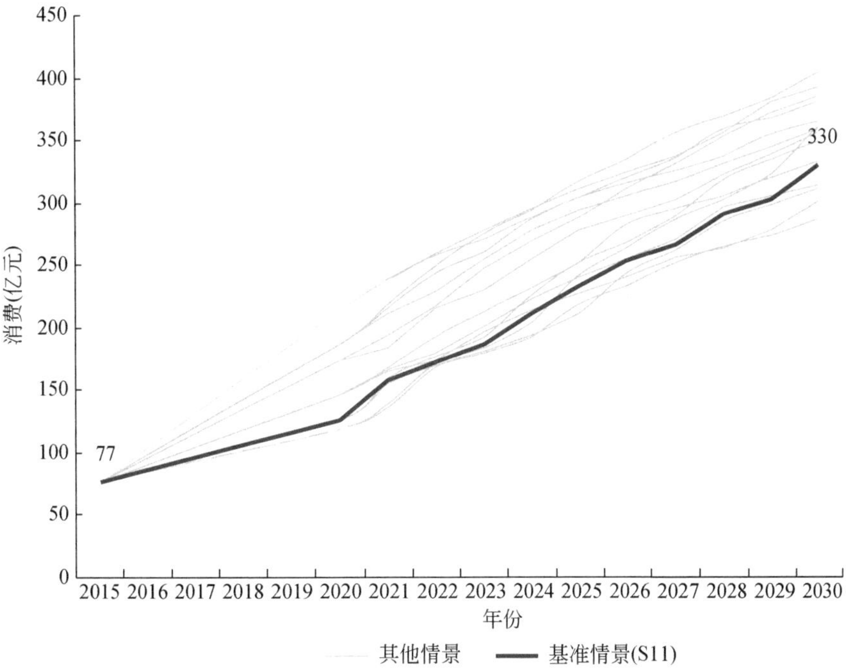

图 5.7　南方百城分户供暖拉动消费评估

（3）供暖投资评估

按照基准情景计算，到 2025 年，南方区域供暖累计拉动投资可以达到 22 191 亿元；到 2030 年，累计拉动投资达到 31 667 亿元。

图 5.8 展示了在其他情景下，南方百城区域供暖带来的投资变化趋势。在最乐观情景下，到 2025 年，区域供暖累积拉动投资最高可达到 41 294 亿元，2030 年达到 60 646 亿元；在最保守的情景下，2025 年累积拉动投资也可达到 14 038 亿元，2030 年达到 23 855 亿元。

按照基准情景计算，到 2025 年，南方城市分户供暖累计拉动投资可以达到 1334 亿元；到 2030 年，累计拉动投资达到 2156 亿元。

图 5.9 展示了在其他情景下，南方百城分户供暖带来的投资变化趋势。在最乐观的情景下，2025 年分户供暖累积拉动投资最高可达到 2396 亿元，2030 年达

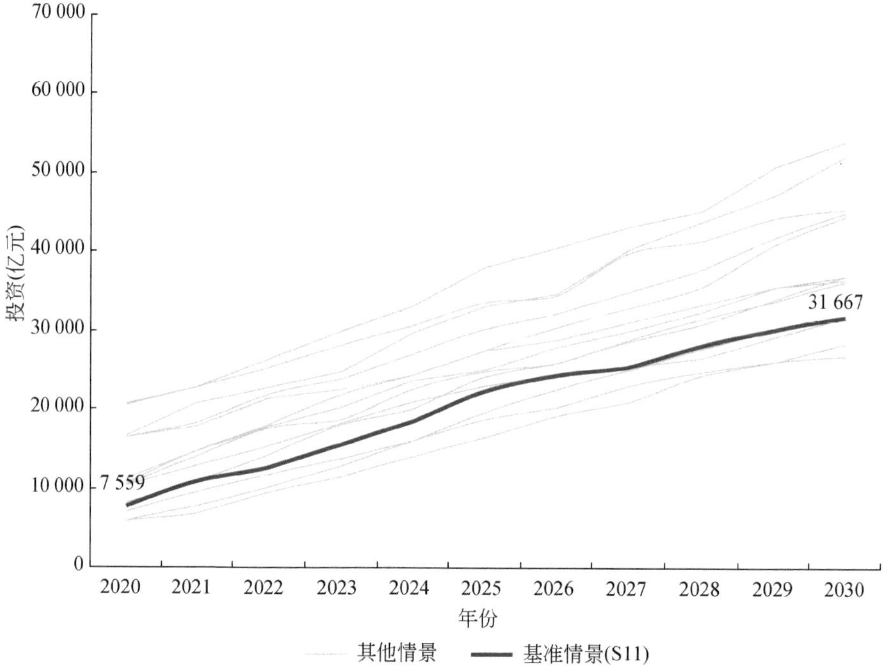

图 5.8　南方百城区域供暖拉动投资评估

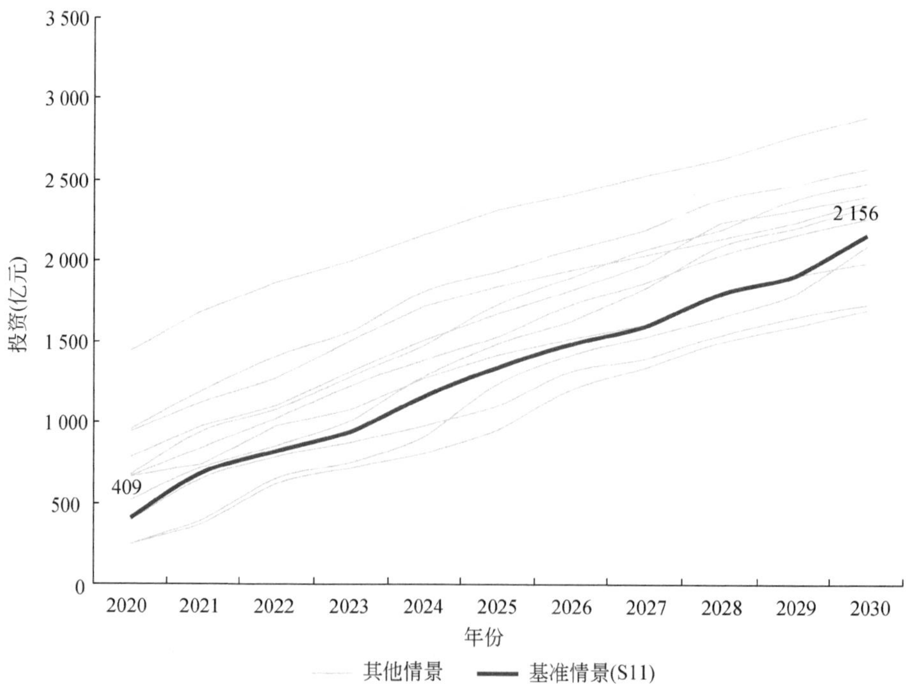

图 5.9　南方百城分户供暖拉动投资评估

到 3169 亿元；在最保守的情景下，2025 年分户供暖累积拉动投资也可达到 837 亿元，2030 年达到 1451 亿元。

（4）供暖就业评估

以 2015 年为基期，按照基准情景计算，到 2025 年，南方城市区域十年间累计拉动新增就业达到 1368 万人，到 2030 年，累计拉动新增就业 2079 万人。

图 5.10 展示了在其他情景下，南方百城区域供暖贡献就业的变化趋势。在最乐观的情景下，2025 年供暖累计拉动新增就业可达到 2483 万人，2030 年达到 3796 万人；在最保守的情景下，2025 年区域供暖也可累计拉动新增就业达到 839 万人，2030 年达到 1596 万人。

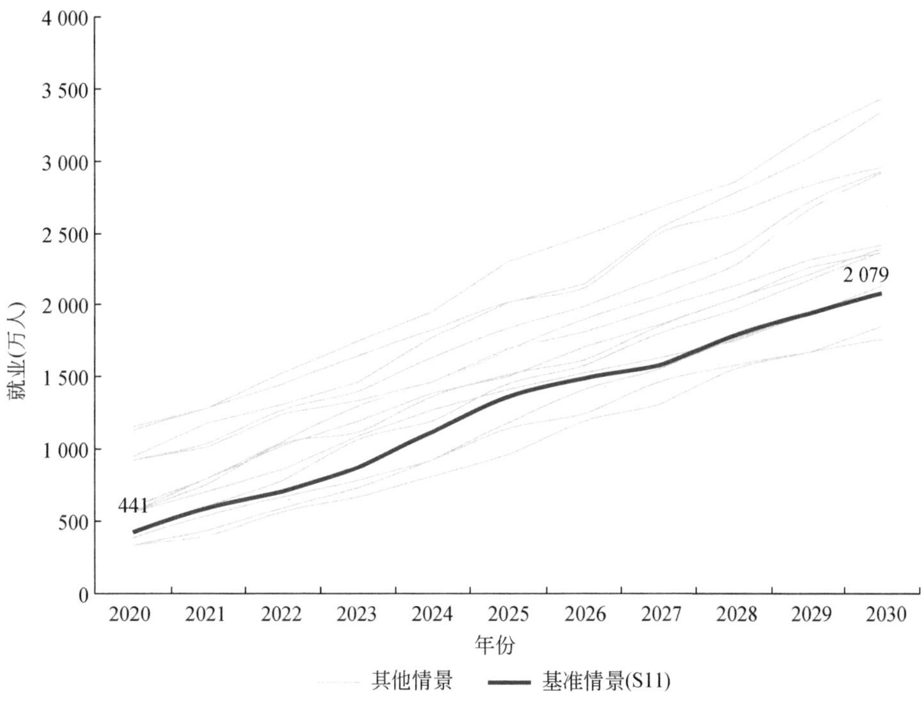

图 5.10　南方百城区域供暖拉动就业评估

以 2015 年为基期，按照基准情景计算，到 2025 年，南方城市分户供暖累计拉动新增就业可达到 135 万人，2030 年累计拉动新增就业达 257 万人。

图 5.11 展示了在其他情景下，南方百城分户供暖贡献就业的变化趋势。在最乐观的情景下，2025 年供暖拉动新增就业累计可达到 215 万人，2030 年累计达到 356 万人；在最保守的情景下，2025 年分户供暖累计可拉动新增就业达到

101 万人，2030 年累计达到 202 万人。

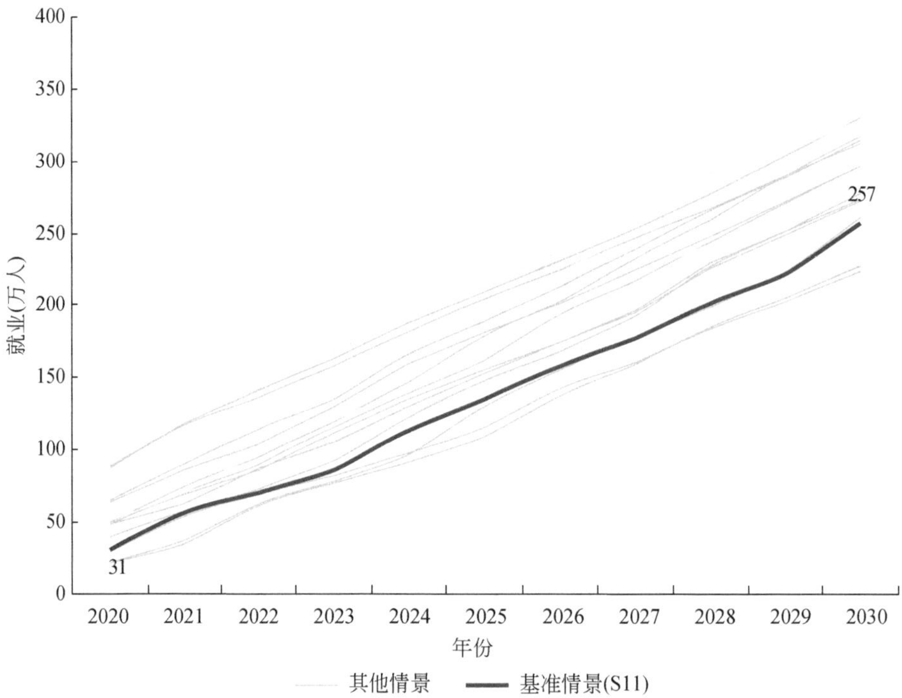

图 5.11　南方百城分户供暖拉动就业评估

（5）供暖碳排放评估

碳排放方面，按照基准情景计算，2025 年，南方城市区域供暖将产生 5061 万吨 CO_2，2030 年产生 4525 万吨 CO_2。

图 5.12 展示了在其他情景下，南方百城区域供暖导致的碳排放变化趋势。在最乐观的情景下，2025 年供暖将产生 7902 万吨 CO_2，2030 年将产生 7527 万吨 CO_2；在最保守的情景下，2025 年将产生 3649 万吨 CO_2，2030 年将产生 3855 万吨 CO_2。

按照基准情景计算，2025 年南方城市分户供暖将产生碳排放为 1809 万吨 CO_2，2030 年则达到 2557 万吨 CO_2。

图 5.13 展示了在其他情景下，南方百城分户供暖导致的碳排放变化趋势。在最乐观的情景下，2025 年将产生 2479 万吨 CO_2，2030 年将产生 3122 万吨 CO_2；在最保守的情景下，2025 年将产生 1517 万吨 CO_2，2030 年将产生 2197 万吨 CO_2。

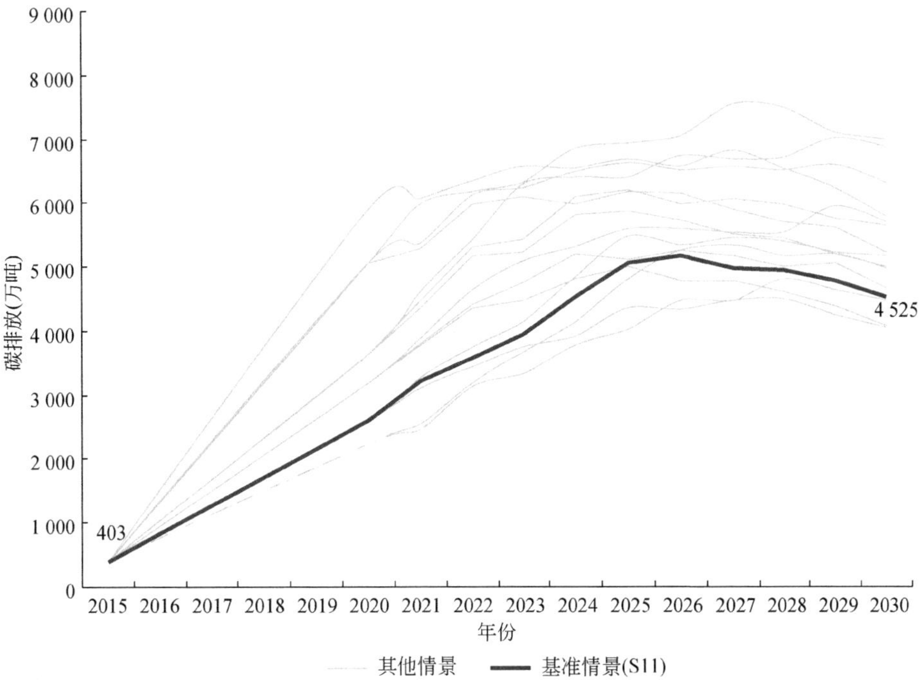

图 5.12　南方百城区域供暖造成碳排放评估

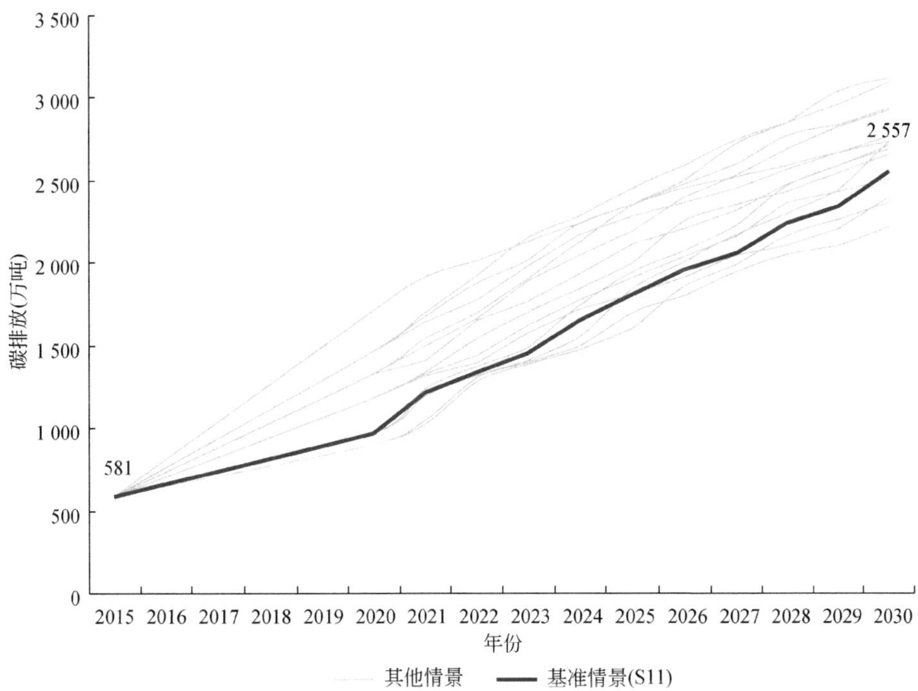

图 5.13　南方百城分户供暖造成碳排放评估

5.2.2 南方供暖十大城市影响分析

为了进一步对南方城市供暖的影响进行探讨，我们选择第四章中筛选出的十大供暖潜力城市，分别对供暖的潜在用户数量，以及对投资、消费、就业和环境影响进行分析评估。

（1）供暖用户评估

上海市是潜在供暖用户最多的城市。在基准情景下，2025 年上海市采用区域供暖模式的用户数可达到 388 万户，2030 年达到 415 万户。其次是南京市和武汉市，基准情景下 2025 年潜在用户数可分别达到 113 万户和 147 万户；2030 年达到 182 万户和 158 万户。

由图 5.14 可以看出，在最乐观的情景下，2025 年上海市采用区域供暖模式的用户数可达到 517 万户，南京市和武汉市分别达到 170 万户和 221 万户；2030 年上海市达到 553 万户，南京市和武汉市达到 242 万户和 236 万户；即使在最保守的情景下，2025 年上海市潜在用户数也可达到 258 万户，2030 年为 415 万户。与排名前十的其他城市相比，在基准情况下，2025 年上海市的用户数是武汉市、南京市的 3 倍，是苏州市、无锡市、杭州市等城市的 6 倍；到 2025 年，上海市、武汉市和南京市的潜在用户数都可达到百万户以上，其他城市潜在用户数在几十万户；到 2030 年，杭州市、苏州市、无锡市、常州市等城市的用户数也可以实现约 30 万户的增长，镇江市和武汉市的增速较慢。

在分户供暖的模式下，上海市依然是潜在用户数最多的城市。在基准情景下，2025 年上海市采用分户供暖模式的潜在用户数可达到 388 万户，2030 年达到 553 万户。武汉市、南京市、杭州市分列第二位到第四位，在 2025 年基准情景下，其潜在用户数可分别达到 221 万户、170 万户和 133 万户；到 2030 年则分别达到 236 万户、242 万户和 143 万户，南京市潜在用户数超过武汉市。在最乐观的情景下，2025 年上海市采用分户供暖模式的潜在用户数可达到 517 万户，2030 年可达到 692 万户；即使在最保守的情景下，2025 年用户数也可达到 388 万户，2030 年为 553 万户。在基准情景下，2025 年上海市的用户数约是南京市、杭州市的 2 倍，是苏州市、无锡市、合肥市、镇江市、常州市、宁波市等城市的 4 ～ 6 倍。2025 年仅有上海市、武汉市、南京市、杭州市的潜在用户数达到百万以上，到 2030 年除以上城市外，苏州市、常州市的用户数分别达到了 119 万户和 108 万户。

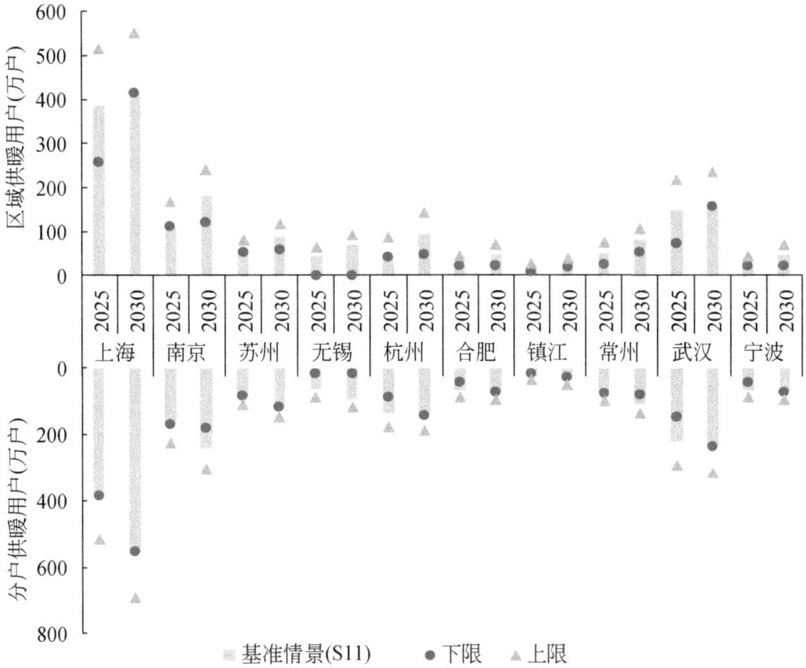

图 5.14　南方部分城市供暖潜在用户数评估

（2）供暖消费评估

在基准情境下，2025 年在区域供暖模式下，上海市是拉动消费最多的城市，其他城市按拉动消费额排名分别为武汉市、南京市、苏州市、杭州市、常州市、无锡市、合肥市、宁波市和镇江市。2025 年上海市采用区域供暖模式拉动的消费额可达到 103 亿元，2030 年达到 110 亿元，十个城市中仅有上海的消费额在百亿以上，是武汉市、南京市消费额的 2 ～ 3 倍，是其余城市的 7 ～ 8 倍。在最乐观的情景下，2025 年上海市采用区域供暖模式拉动的消费额为 123 亿元，2030 年可达到 161 亿元；即使在最保守的情景下，2025 年拉动消费额可达到 68 亿元，2030 年为 98 亿元。到 2030 年区域供暖拉动消费排名前五的城市分别是上海市、南京市、武汉市、杭州市和苏州市（图 5.15）。与 2025 年相比，排名较低的城市消费额增长了近一倍，但武汉市等前期发展水平较高的城市后期增速有放缓的趋势。

在分户供暖的模式下，2025 年上海市是拉动消费最多的城市，其他城市排名分别为武汉市、南京市、杭州市、苏州市、常州市、无锡市、合肥市、宁波市和镇江市。在基准情景下，2025 年上海市采用分户供暖模式拉动消费可达到

22.62 亿元，2030 年达到 32.30 亿元；在最乐观的情景下，2025 年上海市采用分户供暖模式拉动消费可达到 33 亿元，2030 年可达到 40.37 亿元；即使在最保守的情景下，2025 年拉动消费也可达到 22.62 亿元，2030 年为 29 亿元（图 5.15）。在基准情景下，到 2030 年分户供暖拉动消费排名前五的城市分别是上海市、南京市、武汉市、杭州市和苏州市。在排名前十的城市中，排名较后的城市如镇江市、宁波市等城市也有显著增加。

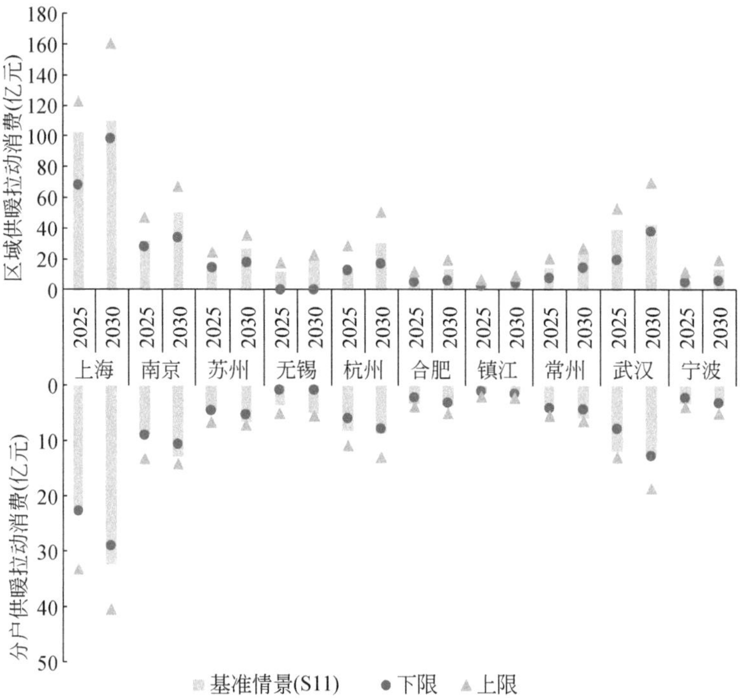

图 5.15　南方城市供暖的消费拉动评估

（3）供暖投资评估

2025 年在基准情景下，区域供暖模式下累积投资增加量排名前五的城市分别是上海市、武汉市、常州市、南京市和苏州市，其中上海市、武汉市投资拉动额都在 1000 亿元以上。在基准情景下，2025 年上海市采用区域供暖模式拉动的投资额可达到 2359 亿元，2030 年累积达到 2586 亿元；最乐观情景下，2025 年上海达到 3430 亿元，2030 年达到 3733 亿元；在最保守情景下，2025 年达到 1287 亿元，2030 年达到 2586 亿元。基准情景下，2025 年武汉市采用区域供暖模式可拉动投资达 1455 亿元，2030 年累积达到 1558；最乐观情景下 2025 年累积拉动投资额 2183 为亿元，2030 年达到 2338 亿元；最保守情景下 2025 年投资累积增加 727 亿元，2030 年累积达到 1558 亿元（图 5.16）。2030 年常州市、杭州市累积拉动投资有较大程度增长，累积投资增加量是 2025 年的近一倍，排名也上升至第三、第四名，同时其他城市投资增加额也呈现显著增长的态势。

在分户供暖的模式下，2025 年上海市、武汉市、南京市、杭州市和宁波市位列前五。上海市累积拉动的投资额约为南京市、武汉市的 2 倍，是苏州市、无锡市、合肥市等城市的 6 倍左右。在基准情景下，2025 年上海市采用分户供暖模式拉动的累积投资可达到 124 亿元，2030 年达到 194 亿元；在最乐观的情景下，2025 年上海市采用分户供暖模式拉动投资可达到 178 亿元，2030 年可达到 253 亿元；在最保守的情景下 2025 年上海市累积拉动投资 123 亿元，2030 年达到 135 亿元（图 5.16）。在基准情景下，到 2030 年南京市、宁波市的累积投资相对 2025 年增加了仅 30 亿元，镇江市拉动的投资额虽然较小，但从 2025 年到 2030 年，也实现了近二分之一的增长。

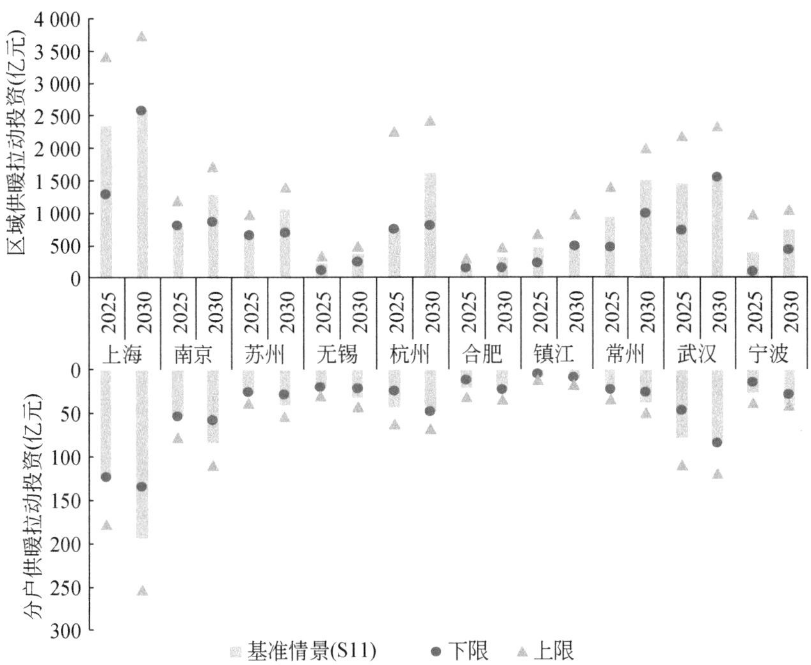

图 5.16　南方城市供暖的累积投资拉动评估

（4）供暖就业评估

在基准情景下，2025 年在区域供暖模式下累积就业增加量排名前五的城市分别是上海市、武汉市、杭州市、常州市和南京市。具体来看，2025 年上海市采用区域供暖模式拉动的就业人数累积可达到 279 万人，约为排名第二的武汉市的 2 倍，是无锡市、合肥市的近 10 倍，2030 年累积达到 347 万人。最保守情景下，2025 年上海市累积就业增加也能达到 111 万人，2030 年上海市依然是累积拉动就业人数最多的城市，且与 2025 年相比，2030 杭州市累积拉动就业人数由 105 万人增加至 177 万人，南京市由 81 万人增加至 126 万人，其他城市也实现了 20 万～ 30 万人的累积就业人数增长（图 5.17）。

在分户供暖的模式下，2025 年上海市是累积拉动就业人数最高的城市，武汉市、南京市、杭州市和宁波市分列第二位到第五位。在基准情景下，2025 年上海市采用分户供暖模式拉动的累积就业人数可达到 23 万人，2030 年达到 39 万人；在最乐观的情景下，2025 年上海市采用分户供暖模式累积拉动就业人数可达到 23 万人，2030 年可达到 40 万人；即使在最保守的情景下，2025 年上海累积拉动就业人数也可达到 17 万人，2030 年达到 27 万人（图 5.17）。在基准情景下，与 2025 年相比，2030 年宁波市、常州市、苏州市累积拉动就业人增加了一倍，镇江市、无锡市、苏州市等排名靠后的城市增长较少。

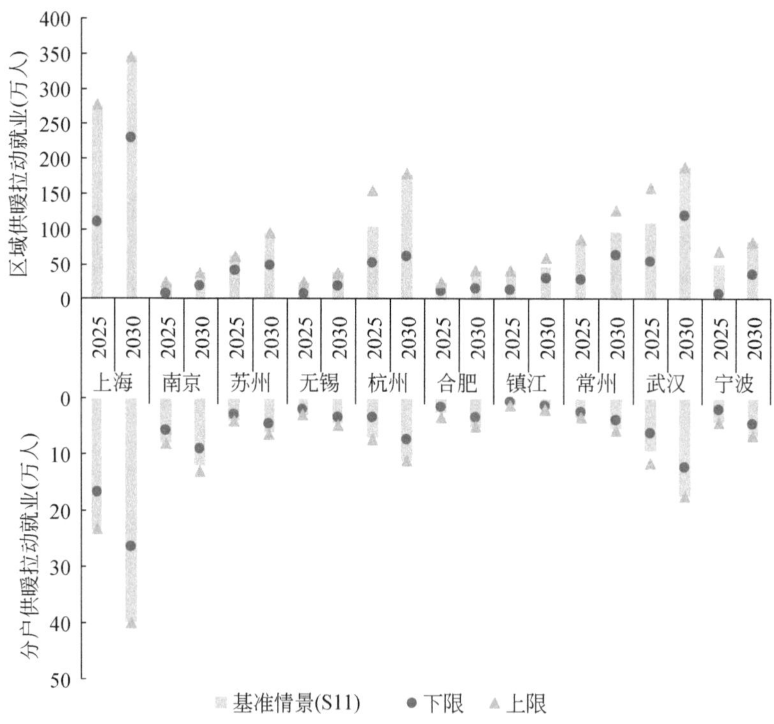

图 5.17　南方城市供暖的累积就业拉动评估

（5）供暖碳排放评估

在基准情景下，2025 年采用区域供暖模式碳排放量较高的城市是上海市，武汉市、南京市、苏州市、杭州市分列第二到第五位。在基准情景下，2025 年上海市采用区域供暖模式导致的碳排放量为 798 万吨 CO_2，武汉市为 309 万吨 CO_2，南京市为 250 万吨 CO_2，其余城市的碳排放量在 100 万～150 万吨 CO_2。在最乐观的情景下，2025 年上海市采用区域供暖模式的碳排放量为 957 万吨 CO_2，是武汉市、南京市、杭州市碳排放量的 2～3 倍，是苏州市、宁波市、常州市碳排放量的 6～7 倍。在最保守的情况下，2025 年上海市的碳排放量为 532 万吨 CO_2，到 2030 年为 494 万吨 CO_2。2030 年上海市依然是碳排放最多的城市，但是碳排放量（550 万吨 CO_2）相对 2025 年有所下降，武汉市的碳排放量也相对 2025 年下降了约 100 万吨 CO_2，杭州市、苏州市的碳排放量在原有较低的水平上依然呈现出下降的态势；但成都市、南京市、宁波市、常州市的碳排放量有所上升（图 5.18）。

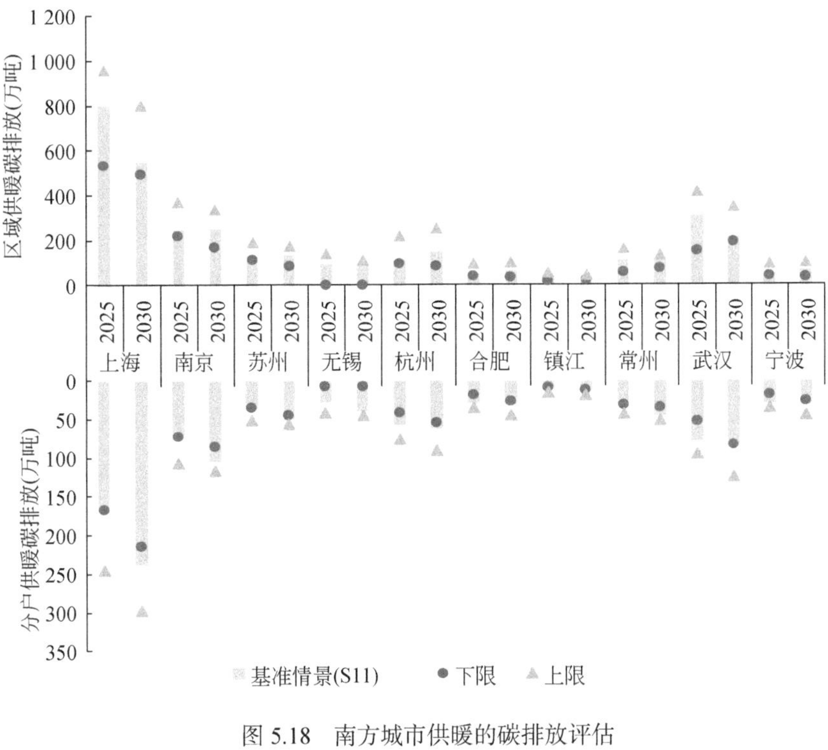

图 5.18　南方城市供暖的碳排放评估

在分户供暖的模式下，2025 年上海市依然是碳排放最多的城市，武汉市、南京市、杭州市、苏州市分列第二到第五位。在基准情景下，2025 年上海市采用分户供暖模式的碳排放量为 166 万吨 CO_2；在最乐观的情景下，2025 年上海采用分户供暖模式的碳排放量为 245 万吨 CO_2，2030 年碳排放量为 297 万吨 CO_2；在最保守的情景下，2025 年上海碳排放量为 167 万吨 CO_2，2030 年为 214 万吨 CO_2（图 5.18）。相较于 2025 年，至 2030 年这十个城市的碳排放量仍有所增加，但这也可能与没有考虑到分户供暖的技术进步有关。

第 6 章　南方百城供暖重大问题探讨

本报告旨在科学探讨“南方是否应该供暖、如何供暖”等重大现实争议。前文全面梳理南方供暖的历史背景，在探讨供热服务的本质和介绍供热行业国内外经验的基础上，系统地总结了目前南方城市供暖的模式与特征，从需求、供给和政策三个维度定量评估了南方 133 个城市供暖市场的发展潜力，并讨论了到 2030 年南方城市发展不同的供暖路线对经济、社会和环境的可能影响。

前文的分析表明：发展南方城市供暖市场，不仅会提高居民的生活品质，实现“对美好生活的向往”，而且还能带来一定的经济效益。在充分利用清洁热源的技术路径下也不会给环境造成较大的压力。那么，南方城市供暖市场应该如何发展？不同参与角色要承担哪些功能？本章将对下列七个重要的问题进行回应和阐释。

6.1　南方城市是否应该集中供暖

南方城市供暖原则上应该一城一策，各城市应根据自身经济水平、居民区集中度、资源禀赋、经济结构等因素，因地制宜地进行供暖模式的探索尝试。

由于居民供暖需求的异质性，以及大规模集中供暖对于能源供给和环境造成的较大影响，我国北方的集中供暖模式并不适用于南方城市。但是对于热源充分、居民需求集中的南方城市，可以尝试采取区域供暖模式，尤其是清洁性的区域供暖。

目前南方城市已自发形成了具有地方特色的供暖模式，主要包括三种：一是基于城市电网、天然气管网进行的以电采暖、燃气热水采暖为主的分户自供暖模式；二是市政引导下的区域供暖模式；三是以市场为主导的区域供暖模式。目前南方城市区域供暖主要出现在居民经济承受能力较强、供热需求较为集中的区域，使得区域供暖可以发挥一定的规模效应。

在热源上，南方目前区域供暖热源主要依靠现有的热电联产电厂、工业余热、新型热能源（太阳能、生物质、地热等）及多能互补能源站。目前南方城市区域供暖主要出现在现有热源比较充足、可再生能源资源比较丰富的地区。这些地区发展区域供暖既有一定的经济效益，也不会造成较大的能源和环境负担。

南方城市区域供暖的实践也表明，在用户端如果能实现工商业用户和居民用户的互补，也能进一步增加供热设施的使用率，促进规模效应的发挥，提高经济效益。

6.2 南方供暖是否会加剧环境压力

区域供暖给能源和环境带来的压力主要取决于两点，一是供暖效率能否提高，二是可再生能源占比能否提高。

首先，提高南方区域供暖效率，可以使得更多的居民享受到供暖服务的同时，总供暖能耗也不会显著增加。

基于中国人民大学 2013 ～ 2015 年《中国家庭居民能源消费调查数据》，表 6.1 对比了南方城镇家庭区域供暖、北方城镇家庭集中供暖的总耗能、单位耗能、供暖总成本、单位成本，以此分析南、北方采取类似供暖方式的能源效率。从表 6.1 可以看出，在集中（区域）供暖方式下，南方居民的单位能耗为 5.27 千克标准煤 / 每小时 • 每平方米，比北方单位能耗高 0.55 千克标准煤，但南方供暖时长平均为北方供暖时长的 78%，因而 2013 ～ 2015 年间南方家庭一个采暖季的总能耗平均比北方家庭少 200 千克标准煤。这就意味着，南方区域供暖家庭一个采暖季的总能耗低于北方集中供暖家庭的总能耗，而且如果采用一些技术手段进一步降低南方区域供暖家庭的单位能耗，则能在不增加总能耗的基础上满足更多家庭的取暖需求。

表 6.1 区域供暖的南北方比较

地区	总耗能（千克标准煤 / 年）	单位能耗（千克标准煤 / 小时 • 平方米）	总成本（元 / 年）	单位成本（元 / 小时•平方米）	供暖面积（平方米）	供暖时长（小时 / 年）
北方	1 513.41	4.72	1 545.54	2.94	84.62	2 874.04
南方	1 324.91	5.27	1 124.05	1.20	85.53	2 238.60
平均	1 419.16	5.00	1 334.79	2.07	85.08	2 556.32

注：数据来自中国人民大学《中国家庭居民能源消费调查数据》（2013 ～ 2015 年）。其中：城镇家庭有效样本共计 1166 户，北方家庭样本 1068 户，南方家庭样本 98 户。南方家庭主要位于河南、湖南、贵州和重庆

其次，大力发展可再生能源集中供暖，提高可再生能源占比，可以进一步缓解能源和环境压力。

本报告第 5 章对供暖碳排放的评估结果表明，南方供暖城市若清洁能源每年替代天然气的比率为 5% 时，在根据不同收入、温度和有无折扣设定的 18 种情景下，供暖的天然气消费量和碳排放量均在 2025 ～ 2026 年左右出现拐点。这说明，在考虑可再生能源作为热源的情况下，即使南方区域供暖的总能源消耗量持续增加，供暖天然气的消费量和因此导致的碳排放量也不会持续增加。而且，此评估结果是在假设供暖效率不变的基础上进行的，如果供暖效率进一步提高，则总能耗和碳排放量还会进一步降低。

发展可再生能源供暖是缓解南方城市供暖能源紧缺和环境污染问题的有效方式，对实现能源转型和建设生态文明具有重要意义。南方诸多城市具有发展可再生能源区域供暖的潜力，可按照企业为主、政府推动、居民可承受的方针，积极推动可再生能源集中供暖。鼓励有条件的城市开发热能综合利用，充分利用各地的地热能、水源热能、太阳能等可再生能源，投建多能互补能源站。鼓励产学研深度融合，开发高效利用清洁热源的技术路线，开拓清洁、高效、可持续发展的新时代供暖体系。

6.3　哪些南方城市适合先行先试

南方城市供暖应采取先试点，分步走，逐步实施策略。

第一阶段可考虑中东部省会城市和重点城市，优先拓展上海、南京、苏州、无锡、杭州、合肥、镇江、常州、武汉、宁波等长江中下游的大中城市供暖市场。

第二阶段考虑其他潜力较高的城市，如扬州、南通、绍兴、嘉兴、长沙、连云港、泰州、徐州、舟山、金华、芜湖、温州、盐城、台州、福州、湖州、贵阳、蚌埠、成都、南昌等城市。

最后覆盖其他地级市和重点县域。

从需求侧看，长江中下游的大中城市供暖需求高。首先，在长江中下游地区空气湿度较高，冬季体感温度低，居民对冬季供暖的需求客观存在。其次，大中城市经济发展水平较高，居民收入较高，购买力较强，具有一定的经济实力能够负担冬季供暖服务。再次，长江中下游的大中城市互补热负荷需求高，工业需热企业、商贸零售业、餐饮酒店业、医院学校等都存在用热需求，因此供热企业可以通过工商业大规模供热为主、居民部门供暖为辅的方式平衡日夜热负荷，充分发挥规模经济效应。

从供给侧看，长江中下游城市的热源丰富，发展可再生能源具有先天优势。由于长江干流或支流流经这些城市，城市中的江水、河水、海水中蕴含的热能可以作为水源热泵的热能来源，污水里的热能也可以加以利用。此外，这些城市电力供应覆盖面大，天然气管网密度高，多能互补的条件也比较充裕。

从政府角度看，长江中下游的大中城市政府治理能力与城市管理水平较高，为供暖创造了良好的市场交易环境。首先，长江中下游的大中城市政府财政水平较高，因此政府在推进城市供暖服务过程中的潜在投入能力较强。其次，由于提供大规模供暖服务需要政府和企业的合作与协调，这些城市良好的政商关系保证了较好的市场环境与较低的交易成本，为推进居民供暖减少了障碍。

6.4 市场主体在南方供暖市场中的作用

企业、行业是推动南方城市供暖市场的广泛基础、核心主体和中坚力量，要坚决摈弃“坐、等、靠、要”思维，充分认识到南方城市供暖市场的广泛前景，积极主动、探索创新符合实际市场需求、符合企业发展战略、符合宏观政策规定的有效经营模式，合力筑牢坚实的市场基础。

第一，精准瞄准目标客户群体，并采取灵活的定价策略。由于南方城市居民需求的异质性，企业需要精准识别潜在客户，并针对客户的供暖需求提供供暖服务。企业可以积极参与政府的城市规划，在基础设施比较好、购买力比较强的新开发区和小区优先开发用户，形成一定规模的管网之后再向周边其他小区扩散。在具备工商业和居民互补的供暖区域，依据热负荷科学调整白天和夜晚的供暖量。企业还可以采取灵活的营销手段和价格政策，根据市场中用户的集中度、用户群体的支付意愿实行差别性定价，探索按热计量和包月定价等不同方式，充分挖掘市场潜力。

第二，提高经营效率，有效控制成本。一是热源多元化。企业可通过综合利用、循环利用各种热能，促进热源多元化，实现供热系统多能互补、互联互通，提升居民供暖的稳定性和连续性。二是产品多元化。积极探索冷热联供、冷热电三联供等方式，既可以减少热负荷的季节性波动，满足客户的多样化需求，拓展用户群体；又可以充分发挥范围经济效应，降低成本，增加收入。三是优化成本。积极采用信息化手段减少管网漏损、保持热平衡等方式控制供热成本；摆脱老旧的经营方式，致力于优化管理架构，提高企业经营和管理水平。四是推动行业协同。充分发挥行业的协同效应，制定相应的技术标准和节能标准。比如中国建筑节能协会可以重新拟定建筑节能设计标准，针对长江流域的夏热冬冷、湿度大的气候特点，更新超低能耗住宅建筑技术标准，进一步推进夏热冬冷地区建筑节能工作。

第三，制定前瞻性战略，推动技术创新，积极推动高效的可再生能源供暖在南方的发展。南方供暖市场具有巨大潜力，企业不能只局限于眼前的经济效益，在自身和行业的发展上要和城市的规划和发展要求保持一致。智能化的绿色城市是未来城市的发展方向，供暖行业需要与时俱进地开展技术创新，积极开发和利用可再生能源，才能实现行业的可持续发展。

第四，营造良好市场秩序，促进高精尖技术标准的应用与推广。夏热冬冷地区的供热协会和暖通行业头部企业可携手制定更为先进的低功耗、低排放的清洁供暖技术标准，提高行业门槛，淘汰品质差、能耗高的供暖设备，鼓励技术先进、热效率更高的企业优先发展。同时，供暖标准和市场规制可适当与南方各地区碳中和路线图及减排目标相匹配，按照因地制宜、合理适用原则，梳理修订现有的夏热冬冷地区供热标准，提高建筑节能标准。

6.5　南方供暖市场是否需要政府的介入

南方城市供暖市场先天就具有自发市场性质，但一个成熟市场的形成需要适度、有力、科学的监管体系来保驾护航和防范纠错，同时城市供暖市场也与其他经济子系统之间存在千丝万缕的内在关联，需要在更高层面进行系统耦合、统筹协调和宏观管理。南方城市供暖市场发展，同样也需要政府在能源系统整合、城市整体规划、垄断行业监管和市场机制调节等方面的参与。

第一，供热行业需要纳入到能源系统进行统一整合。热是一种二次能源，是各种类型的一次能源转换而来。南方各种供热模式，从热源来看，其本质是各种类型的一次能源之间的竞争与协同。因此，从能源系统的安全性和效率性来看，“热”行业应当与其上游的各种一次能源一起，置于整个能源系统之中加以统筹考虑，关于“热”的各项政策措施也应当与各类一次能源的政策措施对接。目前，我国的各个能源产品领域都在推行市场化改革，政府在热行业发展的初期就做好和其他领域市场化改革接轨的工作，可以避免将来问题激化之后再进行改革的巨大成本。例如，面对南方越来越多的家庭采用自采暖引发的电费支出和气费支出过高的问题，很多城市都针对自采暖用户推出了单独的阶梯电价和阶梯气价。而居民电价和气价中的交叉补贴一直是电力市场改革和天然气市场改革中的一个结点，这一类阶梯价格的制定其实是进一步固化了这个问题，是与市场化改革的方向相背离的。类似的问题还包括热电联产电厂的以热定电政策、多能互补能源站的能源采购政策和价格、可再生能源的利用政策等，这些都需要政府纳入整个能源体系改革中进行统筹安排。

第二，区域供暖需要纳入城市规划进行整体优化。从短期来看，区域供暖需要进行管网设施的施工，而许多城市的住房和建设部门并未把城市供热管道的铺设纳入城市基础设施建设的管理之中，也没有纳入到各部门施工协调的机制之中。如果缺乏政府的统一规划，会导致一系列问题：不同的管网建设导致同一路段多次施工；为居民的住行带来不便；缺乏协调机制导致的多部门管辖使企业的施工成本大大增加，等等。

从长期来看，区域供热在供应端需要和城市的产热企业有效融合，充分利用工业余热；在需求端和需要工商业用热用户及居民用户的需求匹配，实现用热互补；在生产管理方式上需要和城市的智能化发展和绿色发展同步提高，共同促进。这些都需要在一个城市的长期发展规划中协同进行。

第三，供热行业需要纳入政府监管体系。区域供暖模式存在规模经济效应和范围经济效应，具有自然垄断性质。我国已经或正在对其他存在自然垄断的很多行业建立监管体系，政策实践表明，在一个行业发展初期就实行有效的监管，要比在行业形态固化之后再进行监管执行成本更低，市场主体也更容易接受，利益纷争也更少，整体的社会福利更高。相反的，如若缺乏政府监管与政策规范，在一家企业成为区域内供暖服务的唯一提供商时，因为终端用户的设备锁定效应，可能会促使该企业为了追求更大的利润而利用市场势力抬高市场价格，或者降低服务质量。因此，缺乏政府监管和政策规范，将会导致以下不良后果：影响市场价格信号的正常发挥；影响企业间的公平竞争；影响消费者福利的提高；影响经济运行效率和科技进步。

第四，供热行业需要有效的市场协调机制。南方区域供暖市场目前面临两个重要困难。一方面，居民取暖需求的异质性使得客户的集中度不高。另一方面，供热的外部性导致搭便车行为，降低了部分潜在客户开通供暖服务的动力。这些都会导致区域供暖的规模效应不能有效发挥，因此需要有适当的机制设计来分离客户群和激励客户开通服务。例如，如果事先在新建楼盘设计中加入区域供暖设施，能够有效识别出有供暖需求的居民，从而大大提高客户集中度。如果能依据一个供暖网格内住户的开通率和供热能效设定不同的价格，能有效激励潜在客户开通供暖服务。如果像北方集中供暖一样，对于区域内不开通供暖服务的住户收取一定金额的基准费用，也能减少搭便车的行为。但是在南方区域供暖市场还不成熟、政策还不明朗的情况下，这些机制的实施完全依靠企业和居民之间自主协商，成本较大，甚至可能产生争端和冲突，这就和“发展南方供暖是为了提高人民生活质量”的初衷相悖了。

6.6　南方供暖市场中政府应当做些什么

地方政府在南方供暖市场中应该多大程度介入市场，应当遵循一城一策、因地制宜的原则，以降低南方供暖市场交易成本为目标，做好全局性、前瞻性的统筹工作。而中央政府则需要给南方供暖市场松绑，下放监管权力，让各城市在市场自由探索、政府科学监管、政企民充分合作的氛围下找到适合各自城市的发展路线。具体而言：

中央政府需要积极回应民众呼声，给予南方地区地方政府积极信号，鼓励各地方政府制定供暖规划。由于目前南方地区缺乏统一的国家级供暖规划或省级供暖规划，南方各地的相关部门缺乏推进当地取暖工作的动力，亟待中央政府的积极信号。国家的住房和建设部门、发展和改革部门应该牵头开展供暖市场调查，摸清南方百城供暖市场的基础信息。这些信息包括各类热源资源量、已建和拟建的基础设施、实际覆盖面和潜在能力、模式与技术路线、各终端用户实际需求与支出、具有采暖支付能力的用户规模、特殊群体规模等。中央释放积极信号、牵头摸清信息，是发展南方地区供暖市场的基础。

地方政府要依据本城市的情况，做好规划、监管和协调工作，助力南方供暖市场有序发展。

首先，地方政府需要依据当地的能源系统结构、经济结构和发展水平、城市功能定位及发展目标做好区域供暖的规划，将供暖纳入城市综合能源服务体系规划和管理之中。对于适宜进行自供暖的城市，应将供暖纳入电力、天然气发展规划；对于适宜实施区域供暖的城市，应围绕热源合理布局，科学规划管网，并将区域供暖的管网施工纳入城市基础设施施工的集中管理之中。

其次，地方政府需要明确主管部门，并对区域供暖的热力企业进行科学、有效、灵活的监管。南方城市区域供暖仍处于起步阶段，纵向一体化程度较高，又具有自然垄断的性质。因此，政府需要建立起主体明确、权责清晰的现代监管体系，出台相应的行业政策法规，规范市场秩序。各地政府应当明确供暖主管部门负责区域内的供暖管理工作，发展改革、价格、规划、财政、国土资源、环保、质监、安全监管等有关部门，应当划清各自职责范围，配合做好供暖工作。另外，在传统的自然垄断行业监管体系中，通常采用价格监管来防止企业抬高价格，损害消费者利益。但是在区域供暖中，灵活的定价机制对行业发展至关重要，因此要求政府对价格采取更科学灵活的监管方式，兼顾效率与公平。

最后，地方政府需要利用政府公信力，促进企业和客户的沟通协调。南方城市居民取暖需求异质性大，希望能够依据自己的需求灵活供暖，精准定价；而区域供暖处在行业发展的初级阶段，企业专用性资产的投资压力大，希望客户群和现金流都比较稳定。供需双方的诉求不一致，需要充分的沟通以探索双赢的经营模式，而自然垄断的性质容易让居民认为供暖企业利用市场势力随意定价。因此，政府需要利用政府的公信力，让城市居民参与区域供暖的规划，充分获取他们的需求信息，公开对供暖企业进行监管的原则和结果，促进供需双方的沟通和理解。

6.7 南方供暖市场是否采取补贴机制

南方供暖市场无须走北方集中供暖的老路，不需要专门为居民用热服务设置专门的补贴，但是南方供暖市场的探索实践中会出现一些有助于降低能耗的外部性行为，这些经济活动对于节能降耗、保护环境、拉动地区发展都助益颇多。因此，政府对于这些有益于降低能耗的外部性行为可以适当补贴，以发挥其良好的社会、经济和环境效应。具体来说，政府可以在这几方面出台鼓励政策：

1）设立节能建筑专项补贴，鼓励老旧小区建筑的节能改造。政府可为符合节能建筑标准的节能建筑发放专项补贴，促进老旧小区建筑的节能改造。提高节能建筑标准是节能最有效的方式之一，北方在大规模推行集中供暖之前也对居民建筑进行了相应的改造工作。在南方，很多老式住宅由于不是节能建筑，面临着“夏热冬寒”的问题，对住在这种房子里面的居民是一种严峻考验。而且由于建筑保暖性差，在供暖期间会损失大量热量，造成能源的浪费。因而设立补贴普及建筑节能改造具有一定的必要性。对于居民而言，如果建筑更加节能，节约制冷和供暖成本，会促使更多的居民使用制冷和供暖服务，改善城市居民的居住环境和生活质量，符合可持续发展的要求。

2）将热力企业的可再生能源纳入绿色证书制度，促进可再生能源供暖。可再生能源配额交易制被世界各国广泛采用，通过建立可交易的绿色证书体系来促进可再生能源的开发和利用。目前我国也正在电力行业推行绿色证书制度来促进可再生能源在电力系统中的发展。我国政府可以将使用可再生能源为热源的热力企业纳入交易系统，核发相应的可交易绿色证书，以鼓励可再生能源供暖在南方供暖市场的发展。

3）对于具有溢出效应的技术创新提供补贴，以促进提高能源使用效率的技术研发。在南方区域供暖中，能效的提高具有较大的经济效益和环境效益。能效的提高需要技术创新，而技术的研发通常需要一定的资金投入，对于资金压力大的热力企业而言，经营上的不确定性会降低他们投入研发的积极性。如果技术创新可以通过溢出效应提高整个行业的生产水平，提高社会福利，政府应该设立适当的研发补贴以鼓励这类创新。

总而言之，我们建议：南方各城市依据自身的状况，因地制宜地选择合适的供暖模式，通过市场主导和政府引导相结合，建立科学的监管体系，营造良好的市场环境，在具有潜力的城市中采取先试点、分步走、逐步推广的策略方针，共同推动南方城市供暖市场高效清洁的发展。

主要参考文献

高鸣 .2011. 城市供热计量热价与收费管理模式研究 [D]. 沈阳 : 沈阳建筑大学硕士学位论文 .

江亿 .2000. 华北地区大中型城市供暖方式分析 [J]. 暖通空调 ,(4):30-32.

姜永顺 .1994. 日本的集中供热与供冷 [J]. 区域供热 ,(6):12-21.

姜永顺 .1996. 韩国的集中供热 [J]. 区域供热 , (3):12-17.

李花 , 川濑贵晴 .2011.A COMPARISON STUDY ON DISTRICT HEATING AND COOLING IN TOKYO, BEIJING, AND SEOUL[J]. 日本建筑学会环境系论文集 ,76(661):297-305.

李岩学 , 高伟俊 , 张晓易 , 等, 2019. 日本零能耗住宅及智能化家庭能源管理系统应用现状研究 [J]. 中外能源 ,24(10): 89-97.

李永红 .2005. 气象因素对南京市居民健康影响的初步研究 [D]. 南京：东南大学硕士学位论文 .

鈴木憲三 , 松原斎樹 , 森田大 , 等 .1995. 札幌 , 京都 , 那覇の公営集合住宅における暖冷房環境の比較分析 : 暖冷房使用に関する意識と住まい方の地域特性と省エネルギー対策の研究 その 1[J]. 日本建築学会計画系論文集 ,60(475):17-24.

强国芳 .1994. 英国和欧洲的热电联产 : 热电联产工程系列报告之二 [J]. 热能动力工程 ,9(3):130-136.

清洁供热产业委员会 . 2019. 中国清洁供热产业发展报告（2019）[R]. 北京：中国经济出版社 .

清洁供热产业委员会 . 2020. 中国清洁供热产业发展报告（2020）[R]. 北京：中国经济出版社 .

宋剑奇 , 张云华 .2010. 基于经济学视角的城市集中供热探讨 [J]. 企业经济 ,(5):79-81.

唐静 , 肖长春 , 张俊青 , 等 . 2018. 合肥市 2007—2016 年日平均温度与居民非意外死亡人数的关系 [J]. 中华疾病控制杂志 ,(4):422-425.

王汶，彭爱珺，张佳丽，等 .2019. 基于体感温度的中国供暖需求分区 [J]. 长江流域资源与环境，28(1):14-22.

王汶，张佳丽 .2018. 中国南方供暖的挑战 [M]. 北京：中国社会出版社 .

韦新东 , 尹军 , 全贞花 .2001. 日本集中供热 (冷) 系统的发展现状 [J]. 吉林建筑工程学院学报 ,(1):3.

于德淼 .2012. 我国供热行业特性与政府规制研究 [D]. 武汉：武汉理工大学博士学位论文 .

张厚英 . 2014. 浅谈南方供热的可行性 [J]. 建筑知识：学术刊，(3):137，146.

张磊，韩梦，陆小倩 .2015. 城镇化下北方省区集中供暖耗煤及节能潜力分析 [J]. 中国人口·资源与环境，25(8):58-68.

张沈生 , 孙晓兵 , 傅卓林 .2006. 国外供暖方式现状与发展趋势 [J]. 工业技术经济 ,(7):131-134.

张沈生 .2009. 城市供热模式评价理论方法及应用研究 [D]. 长春：吉林大学博士学位论文 .
赵金玲 .2015. 俄罗斯供热发展历史与现状 [J]. 暖通空调 , (11):10-16.
郑立均 .1983. 积极发展城市集中供暖 [J]. 煤气与热力 ,(1):13.
郑新业 , 魏楚 , 虞义华 , 等 .2016. 中国家庭能源消费研究报告 [M]. 北京：科学出版社 .
周昌熙 , 赵以忻 .1982. 关于城市集中供暖的若干问题 [J]. 煤气与热力 ,(1): 8-12.
Antonio Colmenar-Santos,Enrique Rosales,David Borge-Diez, et al.2016.District heating and cogeneration in the EU-28: Current situation, potential and proposed energy strategy for its generalisation[J]. Renewable and Sustainable Energy Reviews,62:621-639.
Chittum A , Ostergaard P A.2014.How Danish communal heat planning empowers municipalities and benefits individual consumers[J]. Energy Policy,74:465-474.
Gong M, Werner S.2015.An assessment of district heating research in China[J]. Renewable Energy,84:97-105.
Hao F,Xia J,Kan Z,et al.2013.Industrial waste heat utilization for low temperature district heating[J]. Energy Policy,62:236-246.
Holtermann S E.1972.Externalities and Public Goods[J].Economica,153 :78-87.
Hudson J,Jones P .2005.Public goods :An exercise in calibration[J].Public Choice , 124 :267-282.
Korppoo A , Korobova N.2012.Modernizing residential heating in Russia: End-use practices, legal developments, and future prospects[J]. Energy Policy,42:213-220.
Larsen M A D, Petrovi S , Radoszynski A M , et al.2020.Climate change impacts on trends and extremes in future heating and cooling demands over Europe[J]. Energy and Buildings, 226:110397.
Li N , Chen Q . 2019.Experimental study on heat transfer characteristics of interior walls under partial-space heating mode in hot summer and cold winter zone in China[J]. Applied Thermal Engineering, 162:114264.
Li Y , Pizer W A , Wu L . 2019.Climate change and residential electricity consumption in the Yangtze River Delta, China[J]. Proceedings of the National Academy of ences of the United States of America, 116(2):472-477.
Lin J , Lin B.2019.The actual heating energy conservation in China: Evidence and policy implications[J]. Energy and Buildings,190:195-201.
Luo A , Xia J.2020.Policy on energy consumption of district heating in northern China: Historical evidence, stages, and measures[J]. Journal of Cleaner Production,256(10):120265.
Persson U , Mller B , Werner S.2014.Heat Roadmap Europe: Identifying strategic heat synergy regions[J]. Energy Policy, 2014, 74(6):663-681.
Romanchenko D,Nyholm E,Odenberger M,et al.2020.Balancing investments in building energy conservation measures with investments in district heating:A Swedish case study[J]. Energy and Buildings,226:110353.
Sovacool B K , Martiskainen M.2020.Hot Transformations: Governing Rapid and Deep Household Heating Transitions in China, Denmark, Finland and the United Kingdom[J].Energy Policy,139:111330.

Susana Serrano, Diana Ürge-Vorsatz,Camila Barreneche,et al.2015.Heating and cooling energy trends and drivers in buildings[J]. Energy,119:425-434.

Xiong W , Yu W , Mathiesen B V , et al.2015. Heat roadmap China: New heat strategy to reduce energy consumption towards 2030[J]. Energy,81:274-285.

Yoon T , Ma Y , Rhodes C.2015.Individual Heating systems vs. District Heating systems: What will consumers pay for convenience?[J]. Energy Policy,86:73-81.

附　录

附表 1　南方城市供暖指数及排名

排名	城市	供暖指数	需求指数	供给指数	政府指数
1	上海	71.88	70.52	76.10	61.78
2	南京	66.31	64.37	62.95	89.45
3	苏州	63.94	67.00	62.88	52.91
4	无锡	63.78	63.29	60.63	78.84
5	杭州	62.95	65.48	61.75	55.13
6	合肥	60.84	57.58	59.41	82.79
7	镇江	60.37	57.31	61.65	70.53
8	常州	60.23	57.67	61.80	66.74
9	武汉	60.15	55.66	60.82	79.95
10	宁波	58.78	59.12	54.59	73.86
11	扬州	57.55	53.65	59.45	69.48
12	南通	57.06	55.13	62.09	46.58
13	绍兴	56.20	58.31	51.43	64.69
14	嘉兴	55.43	54.93	50.61	77.23
15	长沙	55.35	48.81	58.22	76.64
16	连云港	54.74	53.09	59.08	45.61
17	泰州	54.54	57.48	54.55	39.73
18	徐州	54.07	49.28	55.53	72.20
19	舟山	53.50	54.49	52.75	51.52
20	金华	53.48	50.49	51.65	75.72

续表

排名	城市	供暖指数	需求指数	供给指数	政府指数
21	芜湖	53.16	47.03	56.35	71.09
22	温州	52.77	47.53	55.96	66.28
23	盐城	52.74	51.11	58.68	37.14
24	台州	52.47	49.21	54.40	61.05
25	福州	51.75	43.68	60.06	58.83
26	湖州	51.54	53.01	51.18	45.60
27	贵阳	51.29	45.21	53.09	74.43
28	蚌埠	50.69	41.06	55.15	80.98
29	成都	50.31	47.69	51.80	57.47
30	南昌	50.30	43.37	55.65	63.56
31	滁州	50.25	45.45	48.43	81.51
32	阜阳	50.07	43.47	54.61	64.93
33	淮安	49.78	45.40	57.29	41.67
34	九江	49.64	51.81	47.71	46.56
35	丽水	49.13	45.91	45.69	79.02
36	昆明	48.92	39.60	60.16	50.52
37	宿迁	48.66	38.95	54.39	74.28
38	宣城	47.94	43.79	46.68	73.73
39	襄阳	47.85	41.28	49.77	72.98
40	湘潭	47.84	39.85	50.30	77.96
41	淮南	47.73	35.10	58.84	66.46
42	衢州	47.13	42.00	48.69	66.51
43	马鞍山	47.08	38.02	54.06	64.43
44	六安	46.91	39.02	49.66	75.37
45	池州	46.76	37.35	50.90	77.24
46	重庆	46.55	38.11	54.96	55.09
47	亳州	46.40	39.68	48.13	73.06

续表

排名	城市	供暖指数	需求指数	供给指数	政府指数
48	南阳	45.85	43.53	43.70	66.01
49	黄石	45.73	40.62	44.81	74.98
50	鄂州	45.59	37.38	49.13	72.44
51	株洲	45.52	42.49	49.77	43.63
52	铜陵	45.47	38.09	54.73	45.38
53	淮北	44.94	38.06	47.21	70.20
54	新余	44.75	43.27	46.23	46.28
55	宿州	44.71	36.89	48.14	70.06
56	宜昌	44.67	33.18	51.50	74.79
57	景德镇	44.52	39.46	51.55	41.69
58	黄山	44.41	34.17	55.15	52.67
59	安庆	44.08	37.39	45.08	73.56
60	荆州	42.94	34.92	47.53	64.68
61	桂林	42.72	32.26	52.11	57.41
62	驻马店	42.70	40.14	40.34	64.92
63	丽江	42.66	32.64	56.69	36.67
64	遵义	42.54	41.83	46.54	30.09
65	周口	42.52	40.79	42.38	51.67
66	商丘	42.22	43.47	35.91	61.17
67	咸宁	42.18	33.70	44.58	75.04
68	信阳	41.71	37.15	44.37	53.88
69	宜春	41.62	37.05	48.49	37.04
70	十堰	41.57	31.85	47.46	66.65
71	毕节	41.47	40.14	45.88	30.51
72	岳阳	41.15	31.04	51.41	50.70
73	安顺	41.02	30.67	45.52	74.70
74	黔南布依族苗族自治州	40.93	41.11	41.57	37.52

续表

排名	城市	供暖指数	需求指数	供给指数	政府指数
75	衡阳	40.87	35.48	48.15	38.75
76	吉安	40.61	34.70	49.08	36.36
77	赣州	40.61	30.82	47.82	60.75
78	昭通	40.47	34.76	52.58	20.64
79	上饶	40.46	36.90	44.76	41.08
80	六盘水	40.36	34.11	44.35	55.62
81	商洛	40.08	36.75	39.72	58.11
82	玉溪	40.06	26.97	58.75	30.77
83	曲靖	39.92	30.60	56.60	19.79
84	邵阳	39.77	27.21	48.98	65.72
85	南平	39.74	30.85	45.67	60.49
86	鹰潭	39.73	33.45	46.12	45.55
87	随州	39.39	40.12	41.85	25.97
88	荆门	39.39	29.48	44.41	68.90
89	汉中	39.20	31.14	43.42	62.59
90	萍乡	39.19	35.50	42.80	43.20
91	攀枝花	39.09	25.93	55.86	37.77
92	孝感	39.08	34.76	42.84	45.62
93	黔西南布依族苗族自治州	38.97	33.76	45.84	37.49
94	黄冈	38.53	31.47	43.88	52.39
95	娄底	38.31	36.77	40.02	39.20
96	抚州	38.19	36.98	40.65	34.39
97	宁德	37.75	30.77	46.36	38.16
98	绵阳	37.13	31.36	44.33	37.16
99	三明	37.07	31.30	43.80	38.97
100	雅安	37.06	30.04	48.15	27.79
101	泸州	36.92	30.23	43.51	44.03

续表

排名	城市	供暖指数	需求指数	供给指数	政府指数
102	资阳	36.74	36.49	39.29	27.75
103	遂宁	36.53	29.66	44.44	39.25
104	郴州	36.41	29.00	46.97	31.23
105	大理白族自治州	36.38	22.77	54.00	33.93
106	保山	36.30	24.00	54.28	25.86
107	常德	36.27	29.51	44.07	38.82
108	南充	36.24	32.81	39.02	42.22
109	内江	36.01	34.03	41.35	24.51
110	永州	35.97	25.84	49.09	34.09
111	眉山	35.67	34.17	37.74	34.90
112	黔东南苗族侗族自治州	35.61	31.73	41.12	33.01
113	韶关	35.49	25.89	47.36	36.00
114	宜宾	35.29	30.28	39.42	43.82
115	恩施土家族苗族自治州	35.16	29.62	41.66	36.90
116	益阳	35.05	25.47	46.24	38.23
117	铜仁	34.94	30.90	42.24	25.92
118	张家界	34.83	24.45	47.48	36.12
119	广元	34.71	26.34	42.92	43.75
120	安康	34.68	28.33	43.56	30.93
121	仙桃	34.40	28.22	44.33	25.61
122	怀化	33.59	27.34	43.36	25.76
123	湘西土家族苗族自治州	33.58	30.88	40.48	19.46
124	广安	33.32	24.01	45.36	31.73
125	楚雄彝族自治州	33.24	20.81	48.78	33.22
126	巴中	31.77	26.00	37.30	38.46
127	天门	31.58	23.48	42.89	26.90
128	潜江	30.87	22.62	43.24	22.63

续表

排名	城市	供暖指数	需求指数	供给指数	政府指数
129	乐山	30.82	37.03	21.29	37.89
130	德阳	30.81	37.93	20.70	35.62
131	达州	30.81	29.04	34.65	24.28
132	凉山彝族自治州	29.26	25.20	33.70	31.84
133	自贡	28.87	33.23	22.52	32.45

附表 2　南方百城区域供暖用户数潜力评估　　（单位：万户）

情景 \ 年份	2015	2020	2021	2022	2023	2024	2025	2026	2027	2028	2029	2030
S1	139.5	2 262	2 473	2 862	3 099	3 528	4 091	4 338	4 658	5 092	5 618	6 005
S2	139.5	1 746	2 174	2 383	2 577	2 954	3 209	3 511	4 098	4 427	4 598	5 009
S3	139.5	1 144	1 518	1 904	2 348	2 531	2 702	3 045	3 280	3 603	4 167	4 517
S4	139.5	1 215	1 557	1 976	2 308	2 565	2 874	3 081	3 313	3 620	4 281	4 563
S5	139.5	897	1 192	1 436	1 682	2 105	2 556	2 674	2 947	3 172	3 375	3 705
S6	139.5	695	845	1 122	1 354	1 636	2 037	2 401	2 638	2 789	3 051	3 246
S7	139.5	2 262	2 446	2 726	3 035	3 364	3 920	4 159	4 388	4 550	4 954	5 275
S8	139.5	1 746	1 952	2 361	2 540	2 806	3 061	3 250	3 553	3 841	4 300	4 552
S9	139.5	1 144	1 476	1 863	2 016	2 420	2 635	2 727	2 977	3 203	3 398	3 698
S10	139.5	1 215	1 532	1 888	2 153	2 511	2 639	2 903	3 097	3 271	3 630	3 724
S11	139.5	897	1 180	1 375	1 609	1 973	2 362	2 590	2 693	2 915	3 083	3 246
S12	139.5	695	811	1 107	1 242	1 491	1 702	2 042	2 211	2 605	2 753	2 931
S13	139.5	2 262	2 446	2 691	2 952	3 141	3 443	3 650	4 126	4 305	4 503	4 624
S14	139.5	1 746	1 917	2 308	2 484	2 599	2 860	3 057	3 185	3 357	3 646	3 771
S15	139.5	1 144	1 443	1 819	1 942	2 309	2 499	2 619	2 728	2 929	3 055	3 278
S16	139.5	1 215	1 516	1 862	2 031	2 321	2 584	2 654	2 875	3 014	3 149	3 246
S17	139.5	897	1 132	1 322	1 520	1 691	2 037	2 178	2 443	2 674	2 764	2 931
S18	139.5	695	811	985	1 173	1 319	1 541	1 692	2 034	2 132	2 269	2 545

附表 3　南方百城分户供暖用户潜力评估　　（单位：万户）

情景＼年份	2015	2020	2021	2022	2023	2024	2025	2026	2027	2028	2029	2030
S1	1 503.9	4 885	5 516	5 932	6 352	6 765	7 102	7 407	7 686	8 085	8 683	8 941
S2	1 503.9	3 758	4 352	4 947	5 524	5 876	6 317	6 668	7 088	7 336	7 638	7 985
S3	1 503.9	3 074	3 585	3 967	4 445	4 930	5 497	5 840	6 370	6 645	7 109	7 303
S4	1 503.9	3 345	3 821	4 397	4 838	5 260	5 719	6 460	6 723	6 960	7 278	7 590
S5	1 503.9	2 467	3 149	3 502	3 803	4 474	4 988	5 301	5 731	6 349	6 641	6 922
S6	1 503.9	2 088	2 430	3 014	3 255	3 606	4 307	4 669	5 049	5 345	5 680	6 389
S7	1 503.9	4 885	5 477	5 911	6 206	6 591	6 957	7 195	7 453	7 698	8 047	8 300
S8	1 503.9	3 758	4 310	4 814	5 174	5 762	6 064	6 365	6 675	7 126	7 322	7 562
S9	1 503.9	3 074	3 481	3 905	4 398	4 759	5 100	5 580	5 902	6 293	6 594	6 820
S10	1 503.9	3 345	3 794	4 086	4 603	5 057	5 454	5 803	6 158	6 773	6 949	7 169
S11	1 503.9	2 467	3 114	3 434	3 719	4 239	4 644	5 009	5 268	5 746	6 004	6 577
S12	1 503.9	2 088	2 368	2 963	3 191	3 423	3 742	4 333	4 648	5 032	5 254	5 497
S13	1 503.9	4 885	5 469	5 773	6 091	6 420	6 729	7 009	7 231	7 431	7 648	7 831
S14	1 503.9	3 758	4 218	4 562	5 075	5 586	5 897	6 103	6 324	6 610	6 850	7 125
S15	1 503.9	3 074	3 269	3 863	4 122	4 522	4 926	5 115	5 374	5 774	6 041	6 345
S16	1 503.9	3 345	3 757	3 966	4 495	4 881	5 166	5 442	5 824	5 992	6 305	6 865
S17	1 503.9	2 467	3 048	3 369	3 580	3 822	4 359	4 629	4 984	5 232	5 407	5 671
S18	1 503.9	2 088	2 313	2 816	3 098	3 298	3 512	3 731	4 030	4 507	4 770	5 107

附表 4　南方百城区域供暖拉动消费潜力评估　　（单位：亿元）

情景＼年份	2015	2020	2021	2022	2023	2024	2025	2026	2027	2028	2029	2030
S1	36	559	614	715	774	880	1016	1 082	1 166	1 279	1 407	1 505
S2	36	478	598	655	711	822	891	974	1 130	1 227	1 276	1 395
S3	36	343	461	575	708	768	822	932	1 003	1 099	1 265	1 376
S4	36	301	388	490	572	638	720	773	831	908	1 069	1 139
S5	36	246	326	398	466	581	706	740	819	884	940	1 032

续表

年份 情景	2015	2020	2021	2022	2023	2024	2025	2026	2027	2028	2029	2030
S6	36	211	255	337	411	497	616	727	801	848	934	995
S7	36	559	607	681	758	840	974	1 033	1 094	1 136	1 242	1 326
S8	36	478	538	648	700	779	851	903	986	1 064	1 187	1 261
S9	36	343	447	562	611	731	799	829	909	979	1 038	1 128
S10	36	301	381	467	535	624	657	726	777	820	908	933
S11	36	246	323	380	445	543	651	715	744	810	859	905
S12	36	211	245	333	374	454	518	618	671	788	837	894
S13	36	559	607	672	738	785	860	910	1 023	1 070	1 123	1 154
S14	36	478	527	633	685	716	794	850	885	932	1 011	1 047
S15	36	343	437	548	587	699	754	794	827	891	933	1 002
S16	36	301	377	461	504	575	642	660	719	755	790	814
S17	36	246	309	364	420	468	560	601	673	738	764	813
S18	36	211	245	297	352	400	469	515	615	645	689	771

附表 5　南方百城分户供暖拉动消费潜力评估　（单位：亿元）

年份 情景	2015	2020	2021	2022	2023	2024	2025	2026	2027	2028	2029	2030
S1	77	213	239	258	278	296	311	324	337	355	380	392
S2	77	187	218	248	275	294	317	335	356	369	384	403
S3	77	174	199	221	250	278	307	327	359	375	402	412
S4	77	146	167	192	213	232	251	282	295	305	320	333
S5	77	126	159	176	192	225	252	268	289	318	334	349
S6	77	119	140	171	184	204	242	263	286	303	322	361
S7	77	213	238	257	271	288	304	315	326	337	354	365
S8	77	187	216	242	260	287	303	319	335	358	368	380
S9	77	174	194	218	247	269	288	312	331	353	372	385
S10	77	146	166	180	201	222	240	255	271	297	305	314
S11	77	126	157	173	187	212	234	253	266	290	303	330

续表

情景＼年份	2015	2020	2021	2022	2023	2024	2025	2026	2027	2028	2029	2030
S12	77	119	136	168	181	193	212	243	262	285	297	311
S13	77	213	237	251	265	281	295	306	316	325	335	343
S14	77	187	211	228	255	278	294	305	317	332	344	358
S15	77	174	184	215	231	254	278	289	303	322	339	355
S16	77	146	165	174	197	215	227	240	256	263	277	300
S17	77	126	154	169	180	192	218	233	252	265	273	287
S18	77	119	132	159	176	187	199	211	228	253	269	289

附表 6　南方百城区域供暖累积拉动投资评估　（单位：百亿元）

情景＼年份	2020	2021	2022	2023	2024	2025	2026	2027	2028	2029	2030
S1	209	234	284	318	354	413	434	487	529	573	606
S2	167	208	226	247	296	330	346	403	439	473	521
S3	105	147	180	219	242	274	305	328	355	409	445
S4	116	151	186	223	245	279	300	334	360	424	452
S5	81	109	142	180	199	241	258	287	309	340	368
S6	58	76	100	128	159	195	226	250	276	301	317
S7	208	228	264	300	330	381	405	433	453	509	541
S8	164	183	218	238	270	301	323	348	378	419	450
S9	104	139	176	188	225	247	258	289	316	338	363
S10	112	146	177	203	235	250	279	299	325	356	368
S11	76	108	127	154	185	222	243	253	282	301	317
S12	58	67	95	114	140	164	192	209	243	260	283
S13	205	228	251	281	306	335	344	398	415	443	455
S14	164	177	213	224	243	274	287	312	333	355	364
S15	103	128	153	183	208	229	245	255	266	293	317
S16	112	138	156	188	218	240	249	272	286	304	317
S17	70	95	117	137	159	188	202	229	247	260	268
S18	55	66	83	99	121	140	161	172	197	211	239

附表 7　南方百城分户供暖累积拉动投资评估　（单位：亿元）

情景＼年份	2020	2021	2022	2023	2024	2025	2026	2027	2028	2029	2030
S1	1 450	1 726	1 898	2 077	2 262	2 396	2 521	2 691	2 808	3 062	3 169
S2	970	1 213	1 475	1 721	1 877	2 067	2 220	2 384	2 502	2 607	2 759
S3	675	941	1 078	1 285	1 476	1 734	1 899	2 072	2 194	2 388	2 488
S4	796	985	1 234	1 448	1 636	1 824	2 129	2 231	2 347	2 479	2 607
S5	521	715	852	1 015	1 279	1 490	1 630	1 829	2 093	2 201	2 337
S6	251	394	651	755	906	1 240	1 416	1 529	1 651	1 804	2 089
S7	1 437	1 689	1 873	1 999	2 162	2 318	2 419	2 528	2 633	2 781	2 888
S8	958	1 193	1 407	1 560	1 810	1 938	2 066	2 198	2 390	2 473	2 575
S9	667	841	1 020	1 230	1 384	1 529	1 733	1 869	2 035	2 164	2 260
S10	782	974	1 097	1 317	1 510	1 679	1 827	1 978	2 239	2 314	2 408
S11	409	685	820	941	1 163	1 335	1 490	1 600	1 803	1 913	2 156
S12	248	367	620	717	816	951	1 203	1 336	1 500	1 594	1 697
S13	1 408	1 678	1 782	1 933	2 085	2 202	2 318	2 424	2 500	2 604	2 689
S14	949	1 123	1 272	1 506	1 727	1 841	1 942	2 037	2 142	2 245	2 370
S15	664	746	984	1 081	1 271	1 420	1 522	1 611	1 802	1 915	1 991
S16	754	934	1 039	1 244	1 372	1 543	1 652	1 770	1 899	2 004	2 276
S17	392	647	789	879	976	1 100	1 321	1 399	1 547	1 653	1 738
S18	241	329	438	668	747	837	926	1 017	1 257	1 383	1 451

附表 8　南方百城区域供暖累积拉动就业评估　（单位：万人）

情景＼年份	2020	2021	2022	2023	2024	2025	2026	2027	2028	2029	2030
S1	1 153	1 315	1 634	1 865	2 074	2 484	2 645	2 971	3 252	3 594	3 796
S2	947	1 184	1 311	1 461	1 778	2 016	2 145	2 539	2 774	3 022	3 339
S3	569	804	1 052	1 300	1 458	1 688	1 899	2 065	2 276	2 661	2 925
S4	629	821	1 062	1 308	1 448	1 685	1 841	2 047	2 237	2 674	2 868
S5	441	604	785	1 064	1 191	1 447	1 581	1 796	1 965	2 173	2 371
S6	330	440	585	734	921	1 182	1 419	1 552	1 757	1 945	2 086
S7	1 153	1 287	1 529	1 752	1 954	2 307	2 487	2 682	2 855	3 190	3 429
S8	928	1 042	1 267	1 404	1 637	1 844	1 995	2 189	2 384	2 713	2 927
S9	564	760	1 039	1 119	1 364	1 516	1 625	1 854	2 043	2 207	2 398
S10	606	795	1 024	1 201	1 390	1 502	1 714	1 866	2 044	2 258	2 363
S11	422	596	709	876	1 114	1 369	1 486	1 579	1 794	1 944	2 079

续表

情景 \ 年份	2020	2021	2022	2023	2024	2025	2026	2027	2028	2029	2030
S12	330	399	563	665	814	969	1 197	1 315	1 551	1 670	1 856
S13	1 137	1 287	1 449	1 652	1 822	2 025	2 118	2 490	2 635	2 833	2 956
S14	926	1 016	1 243	1 338	1 471	1 692	1 812	1 981	2 132	2 316	2 413
S15	560	707	859	1 097	1 279	1 418	1 532	1 636	1 744	1 947	2 131
S16	606	750	867	1 096	1 321	1 439	1 523	1 699	1 819	1 954	2 071
S17	391	542	668	781	920	1 147	1 246	1 464	1 576	1 671	1 759
S18	323	398	483	597	718	838	969	1 053	1 270	1 372	1 597

附表 9　南方百城分户供暖累积拉动就业评估　（单位：万人）

情景 \ 年份	2020	2021	2022	2023	2024	2025	2026	2027	2028	2029	2030
S1	90	121	143	168	192	215	239	267	292	331	356
S2	66	90	116	147	171	199	224	251	276	302	332
S3	50	75	95	120	146	179	204	232	260	290	318
S4	52	70	98	121	142	163	199	221	243	266	289
S5	40	59	73	92	122	147	169	193	227	252	277
S6	21	37	63	79	96	130	155	177	199	224	262
S7	89	118	141	163	188	210	231	254	278	305	331
S8	65	89	114	135	166	189	213	239	266	290	315
S9	49	71	91	116	139	163	194	217	244	271	297
S10	51	69	86	112	135	155	175	196	231	251	274
S11	31	56	71	86	113	135	158	178	201	223	257
S12	21	35	62	77	91	109	137	159	185	206	228
S13	88	117	137	158	182	204	226	247	268	290	313
S14	65	86	105	130	160	181	203	225	249	273	297
S15	49	62	88	105	130	153	175	195	226	249	272
S16	51	67	82	107	125	147	165	184	203	222	257
S17	29	54	69	83	97	116	143	161	184	204	223
S18	21	32	47	72	86	101	116	132	161	182	202

附表 10　南方百城区域供暖造成碳排放评估　（单位：万吨）

情景＼年份	2015	2020	2021	2022	2023	2024	2025	2026	2027	2028	2029	2030
S1	403	5 899	6 142	6 758	6 883	7 332	7 902	7 816	7 773	7 815	7 819	7 527
S2	403	5 049	5 981	6 187	6 321	6 849	6 931	7 033	7 536	7 497	7 089	6 979
S3	403	3 623	4 611	5 433	6 296	6 400	6 395	6 732	6 685	6 719	7 029	6 884
S4	403	3 181	3 878	4 626	5 090	5 319	5 598	5 585	5 543	5 547	5 941	5 696
S5	403	2 601	3 262	3 757	4 139	4 840	5 491	5 345	5 464	5 405	5 225	5 160
S6	403	2 224	2 554	3 181	3 650	4 146	4 794	5 255	5 342	5 183	5 188	4 978
S7	403	5 899	6 067	6 437	6 737	6 999	7 574	7 459	7 296	6 942	6 903	6 629
S8	403	5 049	5 377	6 122	6 225	6 493	6 617	6 520	6 572	6 503	6 594	6 308
S9	403	3 623	4 474	5 310	5 430	6 093	6 214	5 988	6 064	5 984	5 767	5 642
S10	403	3 181	3 811	4 415	4 755	5 202	5 110	5 247	5 181	5 012	5 046	4 667
S11	403	2 601	3 228	3 591	3 955	4 525	5 061	5 163	4 963	4 949	4 774	4 525
S12	403	2 224	2 448	3 142	3 324	3 786	4 028	4 463	4 474	4 819	4 652	4 472
S13	403	5 899	6 067	6 345	6 562	6 545	6 687	6 574	6 824	6 537	6 239	5 772
S14	403	5 049	5 275	5 980	6 089	5 969	6 175	6 141	5 898	5 698	5 621	5 238
S15	403	3 623	4 372	5 177	5 217	5 823	5 869	5 738	5 514	5 449	5 186	5 010
S16	403	3 181	3 771	4 352	4 480	4 795	4 993	4 769	4 793	4 613	4 390	4 073
S17	403	2 601	3 089	3 442	3 733	3 904	4 358	4 340	4 485	4 514	4 244	4 066
S18	403	2 224	2 448	2 806	3 130	3 331	3 649	3 717	4 100	3 941	3 826	3 855

附表 11　南方百城分户供暖造成碳排放评估　（单位：万吨）

情景＼年份	2015	2020	2021	2022	2023	2024	2025	2026	2027	2028	2029	2030
S1	581	1 714	1 930	2 069	2 220	2 364	2 479	2 585	2 680	2 826	3 029	3 118
S2	581	1 461	1 694	1 929	2 145	2 279	2 457	2 594	2 750	2 848	2 961	3 100
S3	581	1 327	1 538	1 700	1 907	2 122	2 358	2 499	2 727	2 850	3 039	3 122
S4	581	1 177	1 341	1 543	1 703	1 849	2 006	2 255	2 351	2 434	2 542	2 651
S5	581	970	1 233	1 369	1 485	1 741	1 949	2 071	2 233	2 466	2 584	2 694

续表

情景＼年份	2015	2020	2021	2022	2023	2024	2025	2026	2027	2028	2029	2030
S6	581	901	1 051	1 301	1 407	1 555	1 850	2 003	2 173	2 301	2 444	2 738
S7	581	1 714	1 916	2 062	2 167	2 305	2 429	2 511	2 603	2 687	2 811	2 902
S8	581	1 461	1 678	1 878	2 018	2 235	2 353	2 475	2 599	2 767	2 840	2 935
S9	581	1 327	1 494	1 671	1 887	2 047	2 196	2 393	2 527	2 692	2 825	2 925
S10	581	1 177	1 332	1 437	1 616	1 779	1 918	2 036	2 158	2 368	2 430	2 507
S11	581	970	1 219	1 343	1 452	1 652	1 810	1 955	2 056	2 239	2 338	2 557
S12	581	901	1 023	1 281	1 379	1 478	1 611	1 859	1 992	2 164	2 260	2 368
S13	581	1 714	1 914	2 017	2 124	2 243	2 353	2 449	2 523	2 594	2 671	2 734
S14	581	1 461	1 642	1 776	1 978	2 171	2 287	2 368	2 457	2 571	2 667	2 770
S15	581	1 327	1 410	1 653	1 770	1 940	2 120	2 202	2 313	2 476	2 586	2 714
S16	581	1 177	1 318	1 392	1 578	1 718	1 817	1 913	2 045	2 102	2 210	2 399
S17	581	970	1 194	1 317	1 399	1 491	1 700	1 801	1 948	2 044	2 110	2 215
S18	581	901	997	1 213	1 338	1 425	1 517	1 609	1 733	1 936	2 044	2 198